国家重点研发计划课题"矿山物联网编码标准和交互协议研究及矿山特种设备全生命周期信息集成系统"（编号：2017YFC0 804404）
国家科技支撑计划课题"矿井动目标监测技术及在用设备智能管控技术平台与装备"（编号：2013BAK06B05）
资助出版

矿山物联网移动测量数据传输与处理技术

王　刚　罗驱波　宁永杰　于嘉成　著

科学出版社

北　京

内 容 简 介

随着矿山物联网在煤矿的应用,以大量移动瓦斯检测仪(如智能矿灯)为代表的移动测量装置以及由此产生的大量移动监测数据,对煤矿传统传感器监测数据处理方法提出了挑战。本书主要以矿山物联网移动瓦斯测量数据为例,介绍移动瓦斯测量数据的传输与处理技术,并适当介绍矿山设备多通道测量数据、分布式矿震监测数据和移动目标定位数据等移动测量数据的处理方法。本书共6章。第1章介绍综合自动化、矿山物联网的基本概念。第2章介绍矿山物联网中的移动测量数据与处理技术。第3~6章分别以移动瓦斯测量数据、矿山设备多通道测量数据、分布式矿震监测数据、移动目标定位数据为例,介绍矿山物联网常用移动测量数据的传输与处理方法。

本书可供广大煤矿科技工作者参考。

图书在版编目(CIP)数据

矿山物联网移动测量数据传输与处理技术/王刚等著. —北京:科学出版社,2017.11

ISBN 978-7-03-055164-1

Ⅰ.①矿… Ⅱ.①王… Ⅲ.①互联网络–应用–矿山测量–数据处理–研究 Ⅳ.①TD17

中国版本图书馆 CIP 数据核字(2017)第 270728 号

责任编辑:李涪汁 沈 旭 高慧元/责任校对:杜子昂
责任印制:张 伟/封面设计:许 瑞

科 学 出 版 社 出版

北京东黄城根北街 16 号
邮政编码:100717
http://www.sciencep.com

北京中石油彩色印刷有限责任公司 印刷

科学出版社发行 各地新华书店经销

*

2017 年 11 月第 一 版 开本:720×1000 1/16
2017 年 11 月第一次印刷 印张:10 3/4
字数:217 000

定价:78.00 元

前　言

随着矿山物联网在煤矿的应用，以大量移动瓦斯检测仪（如智能矿灯）为代表的移动测量装置以及由此产生的大量移动监测数据，对煤矿传统传感器监测数据处理方法提出了挑战。本书在研究移动监测数据特点的基础上，结合矿山物联网架构，从感、传、知、用四个层面研究了矿山移动测量数据的获取、传输、聚类与数据处理算法。

矿山物联网中的移动测量数据主要包括移动瓦斯测量数据、矿山设备多通道测量数据、分布式矿震监测数据和移动目标定位数据等，不同类型的移动数据传输与处理技术具有相似性内容。本书主要以移动瓦斯测量数据为例，介绍移动瓦斯测量数据的传输与处理技术，兼顾其他几种移动测量数据的处理方法。

本书共 6 章。第 1 章介绍综合自动化、矿山物联网的基本概念，以及它们之间的区别与联系。第 2 章介绍矿山物联网中的移动测量数据与处理技术。第 3、4 章以矿山移动瓦斯数据为例，介绍移动瓦斯测量数据的传输与处理技术。第 3 章分析适合瓦斯流数据传输的两种网络模型——单跳网络和多跳网络，研究网络化压缩感知算法。考虑到随机矩阵在实际应用中会增加系统代价，分析沃尔什-哈达玛矩阵，研究基于压缩感知的移动瓦斯数据高效重建方法。网络化压缩感知的测量矩阵依赖所选择的路由技术，针对井下复杂的环境，分析了基于多权值调整的动态自组织路由技术，并将随机路由思想应用于自组织路由技术，通过扩展路由，并赋予一定的概率，研究随机动态自组织路由技术以及基于图案选择的伪随机自组织路由技术。第 4 章基于瓦斯流的时间序列特性，给出基于滑动时间窗的短时瓦斯数据特征选取方法，以及瓦斯流模糊 C 均值聚类算法，研究基于二元统计量和多元统计量的瓦斯流数据汇聚效果。并根据移动瓦斯测量数据"单点多位"和"多点单位"特点，研究一种基于二元组和 n 元组的矿山移动瓦斯流数据处理方法，并应用于瓦斯数据全局判定。第 5 章介绍矿山设备多通道测量数据处理技术，包括矿山多通道监测数据特征提取技术、矿山多通道监测数据融合与特征降维技术以及矿山多通道监测数据特征分类算法。第 6 章介绍其他移动测量数据处理技术，包括矿震监测数据处理技术以及移动目标定位数据处理技术。

　　本书由中国矿业大学的王刚、罗驱波、宁永杰、于嘉成合作完成，各章节分工如下：第 1、2 章由罗驱波完成；第 3、4 章由王刚完成；第 5 章由宁永杰完成；第 6 章由于嘉成完成。

　　由于作者水平有限，书中难免存在不足之处，敬请读者批评指正。

作　者
2017 年 7 月

目　录

前言

第1章　矿山物联网基础与发展趋势 ··· 1

1.1　矿山自动化与矿山物联网 ··· 1

1.2　矿山物联网应用模型 ··· 2

1.3　矿山物联网发展趋势 ··· 3

第2章　矿山物联网中的移动测量数据 ··· 11

2.1　分布式测量数据与移动测量数据 ·· 11

2.2　监测网络 ·· 12

2.3　移动瓦斯监测数据 ·· 13

2.4　分布式矿震监测数据 ·· 20

2.5　矿山设备多通道测量数据 ··· 21

2.6　移动目标定位数据 ·· 24

2.7　移动测量数据传输与处理技术 ··· 24

第3章　移动瓦斯测量数据传输技术 ··· 30

3.1　瓦斯数据流压缩感知技术 ··· 30

3.1.1　压缩感知理论基础 ·· 30

3.1.2　瓦斯数据稀疏化特点 ·· 34

3.1.3　瓦斯数据压缩采集模型 ·· 35

3.1.4　稀疏化频率与采样点数 ·· 37

3.1.5　测量矩阵的产生 ·· 43

3.1.6　瓦斯数据重构 ·· 46

3.2　动态自组织数据传输技术 ··· 56

3.2.1　多权值动态自组织路由技术 ·· 57

3.2.2　随机动态自组织路由技术 ·· 72

3.2.3　伪随机自组织路由技术 ·· 77

第4章　移动瓦斯测量数据处理技术 ··· 82

4.1　瓦斯数据流聚类方法 ·· 82

4.1.1　时间序列相似性准则 ·· 82

4.1.2　时间序列相似性数学分析方法 ·· 83

4.1.3　基于滑动时间窗的短时瓦斯数据特征选取 ·································· 84

4.1.4　短时瓦斯流模糊 C 均值聚类算法 ·· 85

4.2　瓦斯数据流修正技术 ··· 91

　　4.2.1　移动瓦斯传感器数据修正算法 ·· 92

　　4.2.2　修正信息下发与机会通信 ··· 96

第 5 章　矿山设备多通道测量数据处理技术 ·· 98

5.1　矿山多通道监测数据特征提取 ··· 98

　　5.1.1　特征提取技术研究现状 ··· 98

　　5.1.2　多通道数据时频域分析 ··· 99

　　5.1.3　小波变换 ·· 101

　　5.1.4　希尔伯特−黄变换理论 ·· 103

　　5.1.5　信息与熵 ·· 105

　　5.1.6　Mel 倒谱系数 ·· 106

5.2　矿山多通道监测数据融合与特征降维 ······································ 108

　　5.2.1　基于多通道监测数据信息融合 ·· 108

　　5.2.2　信息融合分类 ·· 109

　　5.2.3　特征降维 ·· 110

5.3　矿山多通道监测数据特征分类 ··· 118

　　5.3.1　模式识别 ·· 118

　　5.3.2　神经网络 ·· 119

　　5.3.3　支持向量机 ··· 126

第 6 章　其他移动测量数据处理技术 ·· 132

6.1　矿震监测数据处理技术 ··· 132

　　6.1.1　矿震监测中的时间同步技术 ··· 132

　　6.1.2　矿震监测数据的压缩感知 ·· 135

　　6.1.3　矿震监测数据的定位技术 ·· 139

6.2　移动目标定位数据处理技术 ··· 142

　　6.2.1　常用移动目标定位算法 ··· 143

　　6.2.2　移动目标跟踪算法 ··· 152

参考文献 ·· 158

第 1 章　矿山物联网基础与发展趋势

1.1　矿山自动化与矿山物联网

矿山自动化的发展已有几十年的历史，从单机自动化、矿山综合自动化发展到了如今的矿山物联网。在 20 世纪 90 年代，煤矿自动化基本上以单机或单系统自动化为主。2000 年左右，随着通信、工业总线及工业以太网技术的普及，神华集团有限责任公司大柳塔煤矿首先采用了双 ControlNet 总线，实现了将胶带运输、排水泵房、通风机监控等多个子系统集成在一个网络上传输的综合自动化系统。随后，兖矿集团有限公司等采用 1000Mbit/s 的工业以太网实现了将各种监测监控系统、语音、工业电视等集成在一起的三网合一综合自动化系统[1]。矿井综合自动化系统将矿井的各个子系统汇聚到集成监控平台，充分考虑了子系统的接入与整合，节省投资、资源共享，提高系统功能，并可与矿山信息管理网实现无缝连接，从而为矿井综合自动化系统建设奠定了坚实的技术基础。系统建成后，各自动化子系统数据可在异构条件下进行有效集成和有机整合，实现相关联业务数据的综合分析，为矿井预防和处理各类突发事故及自然灾害提供有效手段。

显然，矿山自动化系统的建设贯穿在整个煤炭工业科学发展的过程中，是实现企业战略目标的必要手段，可为实现监、管、控一体化以及减员增效、建成本质安全的数字化矿井提供服务。

虽然矿山自动化系统可以较好地实现减人提效，但是矿山集成网络的价值未得到应有的提升，也没有给矿山安全带来明显的改善。在矿山安全生产监控及灾害风险预警中仍然存在诸多问题，主要表现为以下六个方面[2]。

（1）感知手段传统单一。综合自动化系统中的传感器和执行器均被约束在某个子系统内，实现的是子系统集成，这种集成方式难以按实际需要构建灵活实用的逻辑系统。所使用的传感手段也没有革命性的变化，基本没有微机电（MEMS）化集成传感器和分布式传感，缺乏传感层面的信息融合。

（2）缺乏泛在感知网络。基本没有统一的井下无线覆盖感知层网络，现有的监测仪器基本是集中式的仪器，用电缆直接连接传感器，没有真正实现分布式监测与控制。不能适应矿山流动作业，以及危险源位置、分布及其流动规律均不确定的场合。存在很大的感知盲区，不能保证安全感知的全覆盖。

（3）重硬集成，轻软集成。即注重有形的网络传输平台，而忽视了无形的软平台建设，因此不能真正实现有机的集成，也不能真正实现系统的开放。特别是某些综合自动化系统仅提供网络传输通道，片面强调透明传输，完全没有统一的数据平台的概念。这显然不适合信息的综合应用。

（4）缺乏应用层面的信息融合。煤矿综合自动化实现了已有子系统的网络化集成，但是各个应用系统之间的联动与信息融合、智能决策没有开展，导致了公共应用平台的缺失，使信息融合失去了应有的实施基础。

（5）多学科交叉不够。矿山信息化过程需要地质、测量、水文、采矿、安全、监测监控、通信、计算机、智能信息处理、管理等多学科交叉研究。这首先就需要一个统一、开放的平台，各学科都能在这个平台上开展研究工作，由于前述各种原因，矿山综合自动化系统难以提供这样一个开放的平台。

（6）缺乏标准建设。在矿山综合自动化建设中没有强调标准建设，这也是综合自动化集成平台不够开放的一个重要原因。由于缺乏标准，服务提供商不能方便地将服务提供到网络中，这在很大程度上限制了系统的开放性，难以成为一个多学科共用的平台。

矿山物联网是煤矿信息化的高级阶段。矿山物联网在煤矿综合自动化建设的基础上，建成一个统一的网络平台（骨干网络平台、无线网络平台），结合"六大安全避险系统"，通过煤矿安全的"三个感知"——感知矿山灾害风险，实现各种灾害事故预警预报；感知矿工周围安全环境，实现主动式安全保障；感知矿山设备工作健康状况，实现预知维修，达到保障煤矿安全生产的目标。

1.2 矿山物联网应用模型

图 1-1 所示为矿山物联网应用模型[3]。矿山物联网应用模型由中国矿业大学物联网（感知矿山）研究中心结合"综合自动化"架构，在感知矿山总体规划中首次提出。它是一个开放性模型，并与矿山综合自动化一脉相承，表现在：①完整的物联网体系；②可伸缩的结构；③完全兼容综合自动化系统和煤矿信息化系统；④完善的感知层网络。

其中，利用宽带无线网络建立的覆盖煤矿井下、并与 1000MB 工业以太网相结合的感知层网络，可实现包括无线数据、无线语音、无线视频等无线多媒体的统一传输。通过将无线网络覆盖到主要大巷、采面、掘进面、车场以及井上重点工作区域等地方，并根据地质、巷道结构特点以及矿区生产带来的巷道结构改变自适应优化，即可满足无线覆盖和网络动态拓扑要求。智能矿灯作为一种可佩戴设备，通过随身携带，可实时帮助矿工了解自身所处环境（瓦斯、温度等）特征。通过所安装的相关传感器，可采集环境温度、甲烷浓度值、井下人员的健康状况等信息，并可将采集的信息通过无线网络传输给中央调度室。智能矿灯可以通过

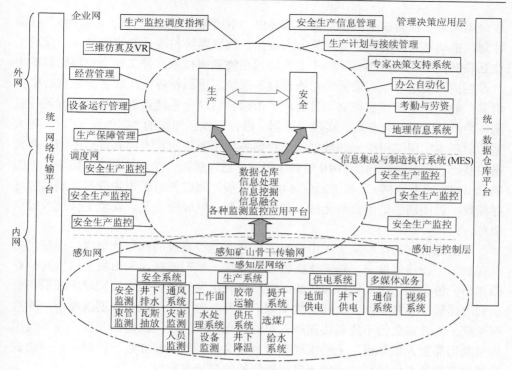

图 1-1　矿山物联网应用模型

短消息与中央调度室进行通信，并具有人员实时定位功能。在紧急情况下，中央调度室也可通过此终端下达人员撤离等重大指令。在矿山中使用智能矿灯，可将安全信息实时通知到每个矿工，实现了井下人员对周围环境信息的感知，以及煤矿井下人、机和环境的有效融合，并实现了对解决矿井工作人员的自我安保难题的重大突破，为物联网技术在矿山的应用开辟了新的应用模式。

　　目前，已部分或全部实现的矿山物联网应用系统包括：井下人员环境感知系统、设备健康状态感知系统、矿山灾害感知系统、骨干及无线感知网络、感知矿山信息集成交换平台、感知矿山信息联动系统、基于地理信息系统的井下移动目标连续定位及管理系统、基于虚拟现实的矿山感知信息三维展示平台和感知矿山物联网运行维护管理系统等。

1.3　矿山物联网发展趋势

　　矿山信息化技术的发展经历了单机自动化、矿山综合自动化以及现在的感知矿山物联网的过程。矿山信息化发展本质上就是一个矿山信息技术与矿山物理世界相融合的过程，其高层目标就是矿山信息物理系统。2015 年 3 月 5 日，在十二届全国人大三次会议上，李克强总理提出"中国制造 2025"和"互联网+"行动计划，推动移动互联网、云计算、大数据、物联网等与现代制造业结合，促进工业互联网健康发展。"物联网+工业"即运用物联网技术，使工业企业将机器等生产设施接入互联网，构建网络化物理设备系统，进而使各生产设备能够自动交换信息、触发动作和实施控制。目前，矿山综合自动化系统实现了矿山已有各种监测监控系统的网络化集成，实现了数据、语音及视频传输的"三网合一"，一些大型矿山基本实现了用统一的数据库来存储各种子系统的数据，具备矿山物联网实现的基础。矿山物联网自 2010 年诞生以来，已发展到一个新的拐点。随着"中国制造 2025""互联网+"和"工业 4.0"的发展，有必要对矿山物联网发展趋势进行梳理，以便洞悉矿山信息化技术的发展历程，更好地为煤矿安全生产技术提供服务。

矿山综合自动化实现了矿山已有各种监测监控系统的网络化集成，但是仍然存在感知手段传统单一、缺乏泛在感知网络等一系列问题。矿山物联网以其特有的"感、传、知、用"优势和解决方案，为利用现代科技保障煤炭绿色开采和安全利用提供了有效感知手段和网络基础。然而，由于矿山缺少深层次模型，连接在系统上的计算机仍不能直接理解采集的信息和信息之间的逻辑关系，各系统采集信息仍需要人工分析，无法实现直接对语义信息的理解和运行控制，矿山物联网涵盖范围要在传感网的基础上向智能化的信息处理发展。

感知矿山最终实现矿山物物相连，各个系统通过网络实现了信息共享，使得矿山系统从黑色矿山向灰色矿山、透明矿山过渡，矿山安全得到很大提高。物物相连的平台实现了数据的汇聚，矿山物联网演化为提供时空一体矿山服务的平台，并借助其涉及的领域及其产业链特点，将传感器、芯片业、设备制造业、信息产业等纳入其中，并通过平台提供供求双向信息，最终形成一个需求牵引的层次化产业[4]。

1. 层次架构

开放系统互连（open system interconnection，OSI）参考模型是国际标准化组织制定的一个用于计算机或通信系统互连的标准，一般称为 OSI 参考模型或七层模型，该模型具有垂直分层结构。这里指的层次架构是根据各个设备在网络中的地位和作用，对网络进行的水平分层。

煤矿综合自动化系统是矿井监测、报警、生产操作一体化的系统，系统由应用层、网络层、物理层构成。矿山物联网也是按照感知层、网络层和应用层三层架构构建。在层级化网络结构中，各个网元各司其职，属于一种集中式管理模式，网络的扩展性不够灵活，单点故障及拥塞等问题在所难免。思科可视网络指数（VNI）预测到 2019 年全球 IP 流量将达到 2ZB，到 2020 年全世界将有 260 亿台互连的设备。这些变化带来了全新的应用实例和服务机会，并会对网络和存储产生前所未有的需求。传统的层级化网络架构已经不能很好地适应物联网这种快速、大通信量服务的要求。应用需求的分布化正驱使着网络功能向边缘靠近。上海贝尔股份有限公司的徐峰等针对移动运营商的全扁平化的架构演进提出了一种基于同质化单节点的全扁平化网络架构[5]，通过改变通信网络架构，提升整个基础设施的可编程性和灵活性，以应对预期中的数据流量在规模及复杂性方面的增长。

随着矿山物联网技术的发展，矿山实时监测数据量急剧增长，传统的层次架构同样不能很好地适应矿山大数据的发展。全扁平化的网络组网方式可以减轻骨干网的负荷，具有较好的发展潜力。随着电子技术发展，网络设备处理能力变强，没必要布置更多的汇聚节点，可进行分散管理。可通过增大网络设备容量，减少节点数量，实行统一管理和维护，这就是网络扁平化的趋势。相比于传统的层次化网络，扁平化网络架构使得矿山工业控制更加精细化和智能化、各个监测系统部署更趋于分布化和边缘化、网络的自组织能力和管理能力进一步增强，有利于满足今后矿山物联网在数据量及网络实时性等方面的需求。

目前有许多厂商都在重点关注扁平化的网络，如 Brocade、Cisco、HP、Juniper Networks 等。扁平化对许多厂商来说都是一个巨大的机遇和挑战。

2. 系统功能

矿山自动化已实现排水、通风、供电、选煤、工业电视和安全监测等自动化系统。由于不同系统在不同阶段建设，自成一体，信息不能互通，不能发挥自动化系统的综合效益，造成系统维护量大，维修、维护困难。为了从系统工程的角度整体上对矿山进行统一的自动化管理，防止发生"信息孤岛"现象，有效整合各种资源和发挥自动化集成的最大效益，需要建立统一的煤矿综合自动化系统。矿山综合自动化系统通过采用统一的传输网络将各种监测监控系统、语音、工业电视集成在一起，实现了三网合一；通过构建煤矿安全生产信息统一数据仓库平台，实现了各子系统数据共享。综合自动化成为煤矿的首选模式，但是综合自动化也表现出许多不足。

由于感知矿山物联网要实现矿山物物相连，因此在原有综合自动化基础上，增加了覆盖煤矿井下、并与工业以太网相结合的宽带有线、无线一体化多媒体统一传输平台，通过泛在感知网络，可实现井下移动目标的接入与管理，拓展了井下感知范围。在煤矿安全生产信息统一数据仓库平台上，增加了感知信息联动技术，实现了多传感器信息、多系统之间的联动，缩短了井上与井下、矿与集团重要信息的传达、决策时间，解决了感知手段传统单一、缺乏应用层信息融合的问题。

随着"互联网+"行动计划的提出，矿山物联网所承载的各种服务应用也成为系统重要功能之一。目前矿山物联网的应用大多是在煤矿企业内部的闭环应用，信息的管理和互联局限在有限的企业内，不同企业间、不同地域间的互通仍存在问题，没有形成真正的物物互联。这些闭环应用有着自己的协议、标准和平台，自成体系，很难兼容，信息也难以共享。随着矿山物联网应用规模逐步扩大，以点带面、以地区应用带动矿山物联网产业的局面正在逐步实现。

3. 全面网络化

矿山综合自动化将各种监测监控系统、语音、工业电视集成在一起，实现各子系统数据共享，这种资源的共享均在应用层完成。部分系统由于监控方式传统，仍存在"信息孤岛"现象。

煤矿井下工作环境属于流动作业，采煤机、液压支架、刮板运输机、矿车等金属设备与煤壁、巷道等复杂环境，使得矿山井下成为一种"受限异质时变"的通信空间。要想实现真正的物物相连，矿山需要构建一种全面网络化的矿山物联网。因此需要研究低功耗 Wi-Fi 和无线传感器网络（WSN）技术、认知无线电技术、多入多出（MIMO）技术、机器与机器（M2M）技术、矿山 6LowPAN 技术以及超宽带（UWB）技术在矿井的应用；研究宽带无线接入技术和大规模异构协同组网技术；研究局部地区发生灾害后的网络重构问题，这包括无线节点的抗毁能力、不同介质下自适应组网协议、传输速率自适应调整技术、不同速率组网技术等，实现网络的全覆盖以及平暂结合的无线、有线一体化网络，保障矿山安全生产。

随着国家安全生产监督管理总局制定的《矿山安全生产物联网信息交互技术要求》标准的推荐使用，必可实现矿山物物相连的愿景。

4. 雾计算技术

为了解决大数据量传输与数据实时性问题，雾计算技术应运而生。与云计算相比，雾计算并非由性能强大的服务器组成，而是由性能较弱、更为分散的异构计算资源组成。雾计算通过强化独立节点间的局部即时交互和分布式智能，使节点具备自组织、自计算、自反馈的计算功能，扩展了以云计算为特征的网络计算模式，将数据、数据处理和应用程序分布在网络边缘的本地设备，而非集中在数据中心，从而更加广泛地运用于不同的应用形态和服务类型。雾计算的基本特征使得矿山物联网对雾计算的需求更为迫切。图 1-2 所示为矿山雾计算平台在矿山物联网中所处的位置。

煤矿井下工作环境属于流动作业，人员、设备、车辆、刮板运输机、采煤机、支架、装载机、破碎机及供电设备等位置以及掘进工作面均处在不断变化之中，位置感知具有较大范围的移动性。同时，煤矿生产面对复杂的地质条件、矿山压

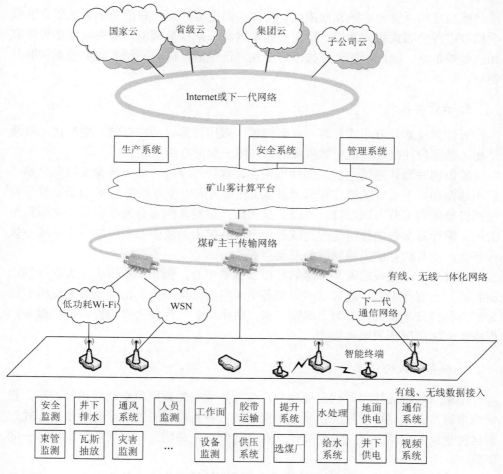

图 1-2　矿山雾计算平台与矿山物联网

力、瓦斯、一氧化碳、地下水及煤尘等，需要借助大量的感知传感器节点进行数据采集与状态监控，因此设备节点具有异构性。从单一节点计算单元的角度而言，需要不同计算能力设备的支持。

　　矿山雾平台实质上是改进目前矿上的调度中心或控制中心的功能，使其满足物联网云计算的需求。针对大数据量传输的数据实时性问题，将数据、数据处理和应用程序分布在网络边缘的本地设备，扩展云计算的网络计算模式，将网络计算从网络中心扩展到了网络边缘。

　　以矿山瓦斯灾害监测为例，由于矿山瓦斯灾害发生机制错综复杂，以往单个指标或单类型传感器不能有效反映灾害本质，而构建于大量传感器之上的雾计算平台可为分布式的瓦斯预警模型提供运行载体。例如，由分散在不同位置的矿灯或传感装置相互交换本地瓦斯浓度、湿度、温度等信息,并借助于事先建立的数学模型进行分布式协同计算,进而得到本区域瓦斯报警阈值,最终决定是否采取相应处理策略。因此,雾计算技术可更加广泛地满足矿山不同的应用形态和服务类型。

5. 云计算技术

云计算技术是分布式计算、并行计算、效用计算、网络存储、虚拟化、负载均衡、热备份冗余等传统计算机和网络技术发展融合的产物。

矿山物联网体系架构包括云计算平台、雾计算平台、统一传输及接入网络、矿山地面和井下所有的监控和管理系统(统称为应用服务系统)。矿山云计算平台按照管理级别可分为国家级、省级、集团级;按照功能可分为专家云、灾害预警云等。雾计算平台的作用是改进或替代目前各矿山调度中心或控制中心的核心软件平台,使其满足矿山物联网的发展需求。

通过在全国建设的若干个感知矿山云服务中心,例如,中国矿业大学(铜山高新区)云服务中心,通过这些云服务中心将会汇聚一批矿山安全等领域的专家为矿山提供技术支持,并为“国家、省、集团、矿”等各个部门提供各种服务,形成矿山物联网新的服务模式。

6. 服务模式的变化

由于“超级连接”时代已经到来,各行各业被物联网所驱动着进行改革,已经成为新常态。这样导致的结果是消费者被各种新技术引领到全新的生活方式,而这种全新的生活方式又迫使其他行业,如制造业、物流、零售业、医疗等一同革新。

在工业领域,企业通过深入分析,进而获得推导出未来趋势的能力,同时意味着大规模商业模式有可能面临瓦解。

矿山安全生产作为一个需要多学科协同工作的平台,随着各种应用的产生,产生了一种物联网的协同工作模式,这就对矿山物联网公共服务能力提出了基本要求。这种基于物联网的协同工作实质上就是将各种不同的应用服务集成到矿山物联网中,这既能推动矿山安全生产所需的各种专业化服务的发展,也有利于矿山安全生产向购买服务的方面发展。

矿山物联网必须为服务提供商或第三方提供便利,以方便将各种有特色的服务提供到物联网中。物联网的这种服务能力具有很强的扩展性,这一方面最大限度地保护了用户的投资,更重要的是保证矿山物联网真正成为一个活的、不断发展的服务性网络。今后,矿山物联网可以提供的服务包括基于位置的服务、基于时间的服务、基于信息的服务、基于云计算的服务以及基于大数据的服务等。

以基于云计算的服务为例，传统煤矿安全生产监测监控均以独立形态运行于某矿区，存在以下共性问题。

（1）矿山设备主要采用计划检修方式。检修过程往往需要设备厂家的帮助，无法满足按需检修方式，降低了开机率。

（2）安监系统可以对单参数进行监测，缺少专业化人才对煤矿灾害信号分析、解读与会商，无法提供有效的数据挖掘服务，往往需要各自"外请专家"进行分析。

（3）各级政府建立了大量监测网络，缺少对数据进行分析和评估，需要专业机构提供信息服务。

（4）从事矿山灾害研究的专家大都在高校和研究机构，不可能长期在矿山工作，"外请专家"的实现难度和代价大。

（5）缺乏一个让矿山安全生产相关的各方面专业人员为矿山提供专业化服务的平台与体系。

随着我国煤矿设备年限不断加长，矿井开采深度不断增加，矿井拓扑复杂度不断增加，矿山灾害的形势越来越严峻，需要建设相应监测预警优化系统的煤矿越来越多，因此提供统一的煤矿灾害预警服务的需求也越来越迫切。

灾害预警信息可由签约专家通过远程云平台，登录矿山数据云服务中心，对煤矿灾害信号进行分析、解读与会商。而"外请专家"（专家云）可直接利用中国矿业大学矿山、机械等专业现有人才资源，通过签约，实现长期合作。

项目服务对象为各个矿山、各大集团、各级政府以及其他研究机构、设备、系统生产单位等。

各矿区根据自身需要从矿山云服务平台购买各种矿山云服务，包括灾害预警、风网优化、设备健康诊断等，以提高安全生产水平和效率。

矿业集团通过购买服务对集团战略发展、资源整合与分配、产品营销、设备租赁管理、矿山的运行、安全、环保等层面进行监督和管理。

各级政府通过购买信息服务，对矿山资源、矿山安全进行监督管理，并为正确决策提供有力保障。

其他研究机构、设备、系统生产单位通过订购测试、加工服务，并可以为某一专门问题开展合作研究。所有服务均可按服务内容、提供服务期限购买，更容易满足不同客户的需求。

传统矿山物联网示范工程需根据矿山自动化程度进行改造，所需的改造费用较高，而且不提供数据深度分析功能。云服务根据服务内容，每年所需要的服务经费大大降低，并且节约了矿山专人维护成本。因此"购买矿山云服务"投资比传统的单点独立建设系统所需费用要大为缩减，对矿井来说更具有吸引力。因此，矿山服务模式的开展和变化是矿山信息化技术发展的趋势之一。

矿山物联网技术的发展是一个长期历程，正如"中国制造2025"一样，它会带来矿山信息技术的变革。但是矿山物联网技术的实施需要逐步推进，矿山物联网技术体系 2.0 是为了规范矿山物联网技术的实施而提出的，并会随着矿山物联网技术发展渐次升级。矿山物联网技术体系 2.0 就是现阶段（3～5 年内）矿山物联网实施的技术指导性文件。其目的就是引导矿山物联网技术沿着正确的道路发展，在推动创新发展的前提下，最大限度地保护用户投资的延续性，为最终实现矿山安全生产、实现无人化（少人化）的智慧矿山做出应有的贡献。

第 2 章　矿山物联网中的移动测量数据

2.1　分布式测量数据与移动测量数据

在矿山物联网中，移动测量数据是指利用移动测量系统所获得的矿山各种对象的测量数据。移动测量数据的概念在测绘界广为使用，是当今测绘界最为前沿的科技之一，代表着未来电子地图测绘领域的发展主流。它通过在机动车上装配GPS（全球定位系统）、CCD（视频系统）、INS（惯性导航系统）或航位推算系统等先进的传感器和设备，当车辆高速行进时，快速采集道路及道路两旁对象的空间位置数据和属性数据。在矿山物联网中，针对移动对象所获得的测量数据，例如，移动目标定位数据，以及移动传感器所获得的瓦斯、通风等与空间位置相关的数据都可以看做移动测量数据。随着矿山物联网的普及，这种测量数据日益广泛，因此研究矿山移动测量数据的传输和处理方法格外重要。

分布式监测系统是利用矿山物联网已有的网络传输平台，监测点的传感器就近连接到交换机，实现灵活方便的分布式测量方式，由此获得的数据称为分布式测量数据。分布式监测系统的主要特点如下。

（1）系统适应能力强。因为可以通过选用适当数量的数据采集点来构成相应规模的系统，所以无论大规模的系统，还是中小规模的系统，分布式结构都能够适应。

（2）系统可靠性高。由于采用了多个数据采集点，若某个数据采集点出现故障，只会影响某项数据的采集，而不会对系统的其他部分造成任何影响。

（3）系统实时响应性好。由于系统各个数据采集点之间是真正"并行"工作的，因此系统的实时响应性较好。

（4）分布式数据采集系统使用数字信号传输代替模拟信号传输，有利于克服串模干扰和共模干扰。因此，这种系统特别适合在恶劣的环境中工作。

（5）分布式降低了网络和主机负载，便于横向扩展。

在矿山物联网应用中，目前大规模的数据采集场合一般都采用分布式数据采集技术，如矿震监测系统、大型机械设备工况监测系统等。

分布式测量数据与移动测量数据具有相似特点，如它们都反映了多通道监测数据，在数据处理方法上具有相似性，因此本书将两种测量数据作为一种类型数据对待。

目前，矿山物联网中的移动测量数据主要包括移动瓦斯测量数据、分布式矿震监测数据、矿山设备多通道测量数据和移动目标定位数据等，以下分别对这几种数据进行介绍。

2.2　监 测 网 络

根据矿山物联网架构，构建煤矿井下移动测量数据监测网络如图 2-1 所示。

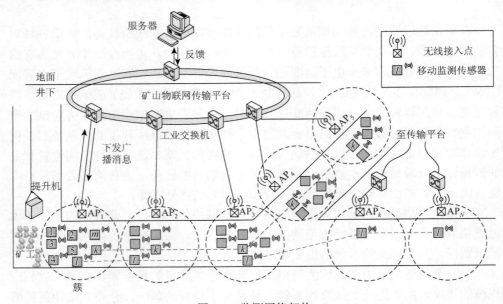

图 2-1　监测网络架构

图 2-1 中，无线接入点（AP）通过工业以太网与上位机相连，移动监测传感器通过无线方式与无线接入点相连，由此构建了井上与井下有线、无线一体化网络监测监控平台。假设矿井中安装有 N 个无线接入点，无线接入点作为一个智能网关，需预先烧入具有简单传感器预处理和判定功能的程序。当移动监测传感器途经无线接入点时，其检测的移动测量数据传入无线接入点。无线接入点将收集到的途经无线接入点的移动测量数据经简单处理和判定后，通过井下交换机、矿山物联网传输平台、地面交换机上传到地面工作站，与其他无线接入点上传的数据进行全局判定。地面工作站将综合全局判定，结果以广播形式下发到每一个无线接入点，无线接入点负责通知附近移动监测传感器。

对移动监测传感器监测数据进行相关性分析处理，并且对移动监测传感器监测数据进行置信度分析，当置信度降低时，通过矿山物联网传输平台和无线接入点对移动监测传感器进行修正，以减轻移动监测传感器需要调校的工作量。校验结果以广播形式下发到每一个无线接入点，无线接入点负责通知附近移动监测传感器，从而保证校验信息不丢失。

2.3　移动瓦斯监测数据

煤矿井下瓦斯是存储在煤与围岩中的一种气藏资源，在煤炭生产过程中，它通常会以涌出形式排放出来，并在一定条件下形成煤矿瓦斯突出。因为瓦斯具有可燃烧、可爆炸等一系列特点，所以瓦斯爆炸严重威胁着煤矿的安全生产。煤矿安监系统要求周而复始地对井下 CH_4、CO 等气体浓度，风速和粉尘浓度等环境参数进行监测，但由于井下环境条件恶劣，会使监测部件受到温度、灰尘等多种因素的影响，并在监测数据采集、传输、存储及处理过程中，可能会受到传感器故障、网络传输故障、电磁干扰以及其他人为管理问题的影响。因此，煤矿井下特殊的生产环境以及监测系统本身的局限性，使得监测监控系统采集到的瓦斯数据存在数据异常、缺失或精度不可靠等现象。我国建立了煤矿瓦斯突出巡检制度，2013 年 3 月，国家安全生产监督管理总局和国家煤矿安全监察局又联合行文，要求各部门实现"建立、完善安全监控和煤与瓦斯突出事故报警系统，建立、完善煤与瓦斯突出事故监测和报警工作机制"等。煤矿井下瓦斯监测数据存在以下特点。

（1）存在瓦斯监测异常数据。

由于矿井环境恶劣、干扰严重，传感器输出的微弱信号很容易受到干扰，从而产生异常数据。同时，当矿井某一区域发生灾变时，由于瓦斯积聚会产生极大值等，也会产生瓦斯异常数据。此外，在传统的瓦斯校准过程中，监测数据也会发生突变。图 2-2 所示为某矿工作面瓦斯传感器 T_1 浓度曲线[6]，其中，测量中的竖线均为传感器调校竖线。

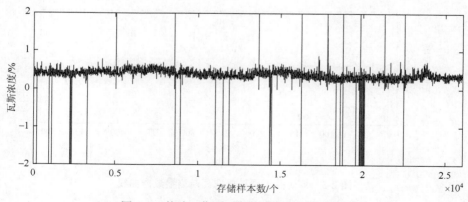

图 2-2　某矿工作面瓦斯传感器 T_1 浓度曲线

因此，在进行数据分析或根据数据分析对仪器参数进行修正时，需预先对测量数据进行预处理。

（2）数据量大。

根据原煤炭部 1995 年修订的《防治煤与瓦斯突出细则》要求，煤矿安全监控系统巡检周期不超过 20s，监测监控测点数不少于 100 个。以 100 个测点来计算，每天的瓦斯数据量为 432000。以煤矿瓦斯数据存储 6 个月计算，服务器端需存储的数据量为 77760000。随着矿山物联网的应用，除了固定监测点外，煤矿井下会出现大量移动瓦斯监测点，因此瓦斯监测数据量会急剧增加。数据压缩是一种高效传输和有效存储的解决方法。

（3）可压缩性。

图 2-3 所示为煤矿井下两种典型瓦斯测量曲线。其中，图（a）为瓦斯平稳状态，图（b）为瓦斯突出状态。由图可见，煤矿瓦斯数据是典型的时间序列数据，但在每一个测点又是一个标量信号。对于固定瓦斯测量节点，其测量数据反映同一地点瓦斯随时间变化情况；而对于移动测量节点，其测量数据反映移动空间瓦斯变化情况。无论以上何种情况，其特点是随机非稳态，而且时刻产生，数据量巨大。

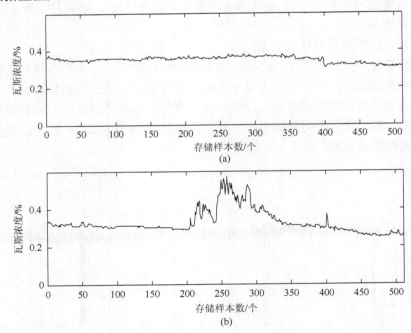

图 2-3　煤矿井下两种典型瓦斯测量数据曲线

小波变换具有良好的数据压缩性能，因为一般信号总是可以由数据量很小的低频系数和几个高频层的系数叠加而成。为了检验瓦斯数据的可压缩性，采用小波变换对瓦斯数据进行多尺度分级数据压缩[7]。

信号 $x(t)$ 的小波变换定义为

$$\mathrm{WT}_x(a,b) = \frac{1}{\sqrt{a}}\int x(t)\psi*\left(\frac{t-b}{a}\right)\mathrm{d}t = \langle x(t), \varPsi_{a,b}(t)\rangle \qquad (2\text{-}1)$$

其中，$\psi(t)$ 为母小波函数；$\varPsi_{a,b}$ 为小波基函数。

小波变换将信号在一系列小波基函数上进行展开。在实际工程应用中，由于有用信号通常表现为低频信号或是一些比较平稳的信号，而干扰则表现为高频信号，因此，信号可以用数据量很小的低频系数和几个高频层系数来逼近。图 2-4 所示为一个三层的分解结构图。图中，cA_i、cD_i（$i=1,2,3$）分别为相应层的低频和高频分解系数。

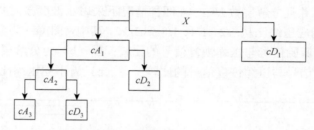

图 2-4　小波三层分解结构

基于小波的数据压缩分为以下几步[7]。

（1）一维信号的小波分解。首先选择一个小波并确定小波分解的层数，然后对信号 X 进行 N 层小波分解。

（2）将小波分解的高频系数进行阈值量化处理。对 $1\sim N$ 的每一层高频小波系数，选择不同的阈值，并用硬阈值进行小波系数的量化。

（3）对量化后的小波系数进行小波重构。根据小波分解的第 N 层低频小波系数和经量化处理后的第 $1\sim N$ 层的高频小波系数，进行一维信号的小波重构。

为了衡量参数选择对信号重构的影响，定义重构误差公式为

$$E = \frac{\|y-x\|_2}{\|x\|_2} \qquad (2\text{-}2)$$

其中，y 为重构信号向量；x 为原始测量信号向量。

选择小波函数为 Haar 小波函数，高频阈值选为 0。Haar 小波来自匈牙利数学家 Haar 于 1909 年提出的 Haar 正交函数集，其定义为

$$\psi(t) = \begin{cases} 1, & 0 \leqslant t < 1/2 \\ -1, & 1/2 \leqslant t < 1 \\ 0, & 其他 \end{cases} \qquad (2\text{-}3)$$

$\psi(t)$ 的傅里叶变换为

$$\Psi(\Omega) = j\frac{4}{\Omega}\sin^2\left(\frac{\Omega}{4}\right)e^{-j\Omega/2} \qquad (2\text{-}4)$$

Haar 小波具有以下优点。

（1）Haar 小波在时域是紧支撑的，即其非零区间为（0,1）。

（2）若取 $a=2^j$，$j \in \mathbf{Z}^+$，那么 Haar 小波不但在其整数位移处正交，而且在 j 取不同值时也两两正交，说明 Haar 小波属于正交小波。

（3）Haar 小波为对称小波。Haar 小波是目前唯一既具有对称性又具有有限支撑特性的正交小波。

图 2-5 与图 2-6 分别所示为对于瓦斯平稳和瓦斯突出两种状态测量数据，当选择 Haar 小波，并且分解层数 N=1～4 四种情况下采用小波变换时数据重构情况，四种分层情况相应压缩比从 1/2、1/4、1/8 到 1/16。其中，图（a）为分解层数 N=1，压缩比为 1/2 时原始信号与压缩恢复信号的比较；图（b）为分解层数 N=2，压缩比为 1/4 时原始信号与压缩恢复信号的比较；图（c）为不同压缩比的重构误差。

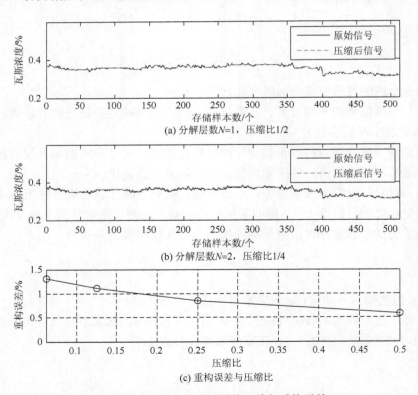

(a) 分解层数N=1，压缩比1/2

(b) 分解层数N=2，压缩比1/4

(c) 重构误差与压缩比

图 2-5　瓦斯平稳状态测量值压缩与重构误差

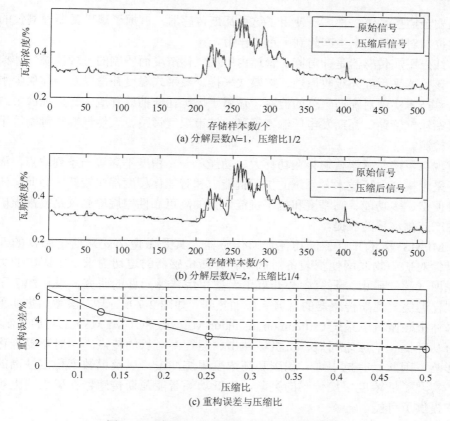

(a) 分解层数N=1，压缩比1/2

(b) 分解层数N=2，压缩比1/4

(c) 重构误差与压缩比

图 2-6　瓦斯突出状态测量值压缩与重构误差

　　由图 2-5 和图 2-6 可见，对于同样的压缩比，瓦斯平稳信号的重构误差更小，说明瓦斯平稳信号的可压缩性更好。但无论哪种情况，在压缩比大于等于 1/4 的情况下，都可较好地进行重构，重构误差小于 3%，从而说明瓦斯数据具有较好的可压缩性，因而可以采用压缩方法来实现高效传输和有效存储。

　　煤矿井下瓦斯传感器是煤矿预防瓦斯突出和瓦斯爆炸必不可少的测量仪表，通过自动地将井下沼气浓度转换成标准电信号输送给关联设备，实现瓦斯浓度就地显示与超限报警等功能。

　　目前在煤矿井下使用的甲烷传感器主要有两种：一种是催化燃烧式甲烷传感器；另一种是红外甲烷传感器。

　　催化燃烧式甲烷传感器的原理是可燃性气体的催化氧化，是通过测量甲烷等可燃性气体在氧化燃烧时所释放的热量并将其转换成电信号的一种气体传感器，通常用于检测爆炸下限范围内的瓦斯等可燃性气体浓度。催化燃烧式瓦斯传感器是当前煤矿中使用最广泛的一种瓦斯传感器，无论报警矿灯、便携式瓦斯报警仪还是安全监控系统，都广泛使用了这种瓦斯传感器，占据了煤矿瓦斯检测仪的主导地位，对煤矿安全生产起到了重要作用。

红外甲烷传感器是针对监测管道内甲烷气体浓度而研制的一种甲烷气体检测仪，该仪器采用红外吸收原理、扩散式采样、数字式温度补偿以及一体化尘水分离器等技术实现对瓦斯气体的检测，适用于煤矿瓦斯抽放管道、瓦斯抽放泵站、加气站输气管路、瓦斯发电厂输气管路、城市煤气管路、天然气输气管路等甲烷气体检测。

现有甲烷传感器普遍存在功耗大、功能单一、精度不高等一系列缺点，而且由于采用模拟电子技术，系统的抗干扰能力和智能化程度都比较低。因此，研制一种便携、多功能、高精度和抗干扰能力强的高可靠性甲烷检测仪是提高煤矿安全生产监测水平的前提。

MEMS 技术开启了低功耗瓦斯传感器尤其是微型热式瓦斯传感器的新途径。针对矿山物联网便携装备对低功耗瓦斯传感器的迫切需求，中国矿业大学物联网（感知矿山）研究中心开展了新型甲烷传感元件的研究，设计加工了用于催化燃烧式瓦斯传感器的悬臂式微加热器，如图 2-7 所示[8]。该微加热器采用绝缘体上硅微机电系统（silicon on insulator-MEMS，SOI-MEMS）工艺加工制备，具有功耗低、响应时间短、抗机械冲击、运行寿命长的特点，同时不受催化剂的影响，因此具有抗中毒、积碳和高浓度甲烷冲击，以及灵敏度稳定性高的特点，实现了低浓度甲烷传感的突破，为低功耗智能瓦斯传感器在矿山的大规模推广提供了可能。

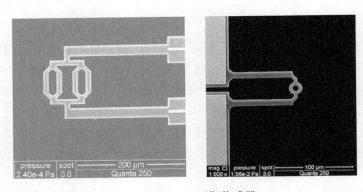

图 2-7　MEMS 瓦斯传感器

现有煤矿系统中，矿工属于被动感知环境状态，如图 2-8 所示。矿井中瓦斯、温度等信息由固定监测点传送到中央调度室，当瓦斯数据超限后，中央调度室再以有线或无线通信方式通知矿工，矿工无法实时获取周围的环境信息，也无法构建井下人员定位和无线联络系统。

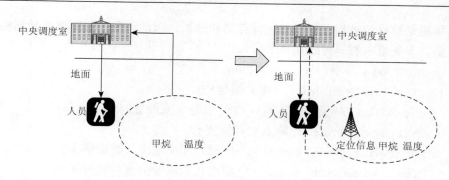

图 2-8　矿工环境感知

中国矿业大学物联网（感知矿山）研究中心研发了一种智能矿灯，如图 2-9（a）所示。该智能矿灯与普通矿灯体积相仿，由矿工随身携带，不仅具有普通矿灯照明功能，同时集瓦斯监控报警、环境温度监测、人员精确定位等多种功能于一身，适用于井下有瓦斯、煤尘、热害等恶劣的操作环境。智能矿灯可将安全信息实时通知到每个矿工，使得矿工环境感知方法将发生变化。通过智能矿灯中安装的各种传感器和定位装置，可将瓦斯、温度监测数据以及定位信息实时传送到中央调度室，同时中央调度室也可将其他监测系统监测的数据，以及非正常情况如矿难发生时的逃生路线实时传送给矿工，如图 2-9（b）所示。智能矿灯为井下矿工构建了一个主动感知煤矿环境的综合感知及预警系统。目前智能矿灯已在徐州矿务集团有限公司夹河煤矿和山西煤炭进出口集团有限公司霍尔辛赫煤矿示范工程中进行了推广使用。

智能矿灯具有的功能有：①甲烷浓度检测与报警；②温度检测与报警；③短信收发和信息显示；④人员定位；⑤主、副光源照明；⑥人员行为识别等。

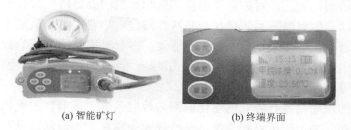

(a) 智能矿灯　　　　　　　　(b) 终端界面

图 2-9　智能矿灯与终端界面

智能矿灯中安装了低功耗瓦斯传感器。在矿山物联网系统中，由于矿工在井下行走，各个智能矿灯构成了井下分布式移动瓦斯数据采集装置。移动瓦斯数据采集装置（或简称为移动瓦斯检测仪）周期性采集井下瓦斯数据，并通过无线接入点将测量数据传输到上位机中进行存储和分析。因此，移动瓦斯测量数据格式应包括以下参量中的一种或几种[6]：

```
struct gas
{ char CoalMineNo; /*煤矿编号*/
  int APNo; /*无线接入点（AP）编号（或地址）*/
  char location; /*测点物理位置*/
  float data_gas_sample; /*测点瓦斯浓度（数据采集值）*/
  float time_gas_sample/*测点瓦斯浓度数据获取时间*/
}
```

根据移动瓦斯检测仪测量数据，就可以描绘出井下立体空间瓦斯随时间变化曲线。

矿灯作为瓦斯测量的载体，除了担负感知周围环境任务之外，还担负照明功能，以及应急通信功能。根据煤矿安全规程，矿灯要最低能连续正常使用 11 小时，而矿灯能否低能耗应用是其能否满足使用时限的重要制约因素。因此，需要研究移动瓦斯检测仪测量和传输数据时如何降低能耗的方法。

同时，在矿山物联网架构下，由于智能矿灯的使用，矿井出现了大量移动瓦斯检测仪，矿灯的调教和校准工作量剧增，因此需要研究智能矿灯中瓦斯传感器数据修正技术。

2.4　分布式矿震监测数据

随着矿山生产能力的提高、开采强度的增大、岩石的破坏以及由此导致的冲击矿压、瓦斯突出、突水以及顶底板破裂坍塌等频繁发生，矿震是导致这一系列灾害的直接诱因。因此，对矿震监测及其监测数据的处理研究具有十分重要的现实意义。目前，矿震监测系统存在一些共性问题，如它们都是从某个单一方面来监测矿震信号，只能接入单一类型的传感器；多套矿震监测系统的数据不能融合到一个系统中；监测系统多为集中监测式系统，监测通道数受限，测量通道的扩展受到影响等，不利于今后应用的扩展。

物联网的理念给各行各业网络化监测与控制带来了革命性的变化。基于矿山物联网的分布式冲击矿压监测系统，是一种无须重新布置通信网且系统通道数及监测信号种类几乎不受限制的冲击矿压监测方法。由于利用 IP 进行寻址，传感器数量和测量通道数几乎不受限制。

基于矿山物联网的分布式煤矿矿震监测系统如图 2-10 所示。该系统由监测主机、矿山物联网应用平台、矿山物联网传输平台、网络传感器等组成。

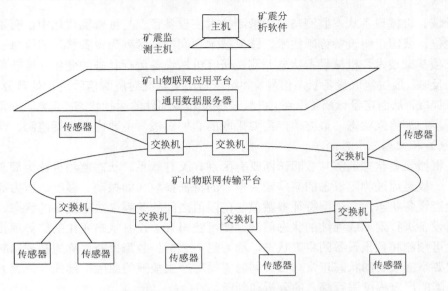

图 2-10　分布式煤矿矿震监测系统组成

　　网络传感器分别有电磁辐射传感器、声发射传感器、微震传感器及其他类型的矿震监测传感器。网络传感器中的电路对电磁信号、声发射信号和微震信号进行放大、滤波处理，数字化后转换成以太网数据格式。这些网络传感器分别根据监测需要布置安装在煤矿井下监测点，并直接连接到矿山物联网主干传输网络。

　　主干传输网络大都采用 1000MB 工业以太网，交换机为主干传输网络上的节点。对于无线连接的传感器，可通过无线接入网（Wi-Fi 或 WSN）再连接到主干网。通过矿山物联网传输平台，从传感器传输来的数据进入矿山物联网应用平台的通用数据服务器。

　　矿山物联网应用平台是矿山物联网通用的数据处理平台，由网络传感器采集电磁信号、声发射信号和微震信号等在应用平台上进行统一处理，如滤波、定时分析、报警设定、报表处理等。

　　矿震监测主机从矿山物联网应用平台提取所需要的经过初步处理的电磁辐射信号、声发射信号和微震信号等，并结合其他信号进行计算、分析和震源的定位。

　　在矿山物联网架构下，分布式矿震监测系统的使用，出现了大量分布式矿震监测数据，对这种多通道分布式监测数据的处理方法提出了挑战。

2.5　矿山设备多通道测量数据

　　机械设备是现代化工业生产的物质技术基础，设备管理则是企业管理中的重要领域。机械设备状态监测与故障诊断技术在设备管理与维修现代化中占有重要的地位，我国已将设备诊断技术、修复技术和润滑技术列为设备管理和维修工作的三项基础技术。机械设备状态监测是研究机械设备运行状态的变化在诊断信息中的反映，通过测取设备状态信号，并结合其历史状况对所测信号进行处理分析、特征提取，从而定量诊断（识别）机械设备及其零部件的运行状态（正常、异常），进一步预测将来状态，最终确定需要采取的必要对策，主要内容包括监测、诊断（识别）和预测三个方面。

机械设备状态监测与故障诊断既有区别、又有联系。状态监测也称为简易诊断，一般是通过测定设备的某些较为单一的特征参数（如振动、温度、压力等）来检查设备状态，并根据特征参数值与门限值之间的关系来决定设备的状态。如果对设备进行定期或连续的状态监测，便可获得有关设备状态变化的趋势规律，据此可预测和预报设备的将来状态，称为趋势分析。故障诊断也称为精密诊断，不仅要掌握设备的状态正常与否，同时需要对产生故障的原因、部件（位置）以及故障的严重程度进行深入的分析和判断。

设备状态感知是指按照预先设定的周期和方法，对设备上的规定部位（点）进行有无异常的预防性周密检查的过程，以使设备的隐患和缺陷能够得到早期发现、早期预防、早期处理，从而更好地监控工厂设备性能，缩短由不可预测的系统故障造成的高成本宕机时间。

研究表明，灾难性的设备故障可能给生产带来数十万元的损失，对任何生产运行来说，这都是最糟糕的情况。2002 年，德国 Spenner Zement 水泥公司一台磨机齿轮箱发生故障，整台水泥磨机不得不停产三个星期。该公司使用了温度传感器检测齿轮箱的健康状态，但是这个陈旧的监测方法反应太慢，等到其报警时整个轴承已经严重损毁。最后，Spenner Zement 公司不仅要花费高昂的维修费用，而且因磨机停产蒙受了巨额经济损失。一般来说，在温度出现异常之前的三个月，一些隐性征兆（如异常振动）就已经出现，如果那时就能及时监测到异常并加以应对，就可以避免这些损失。

现代化工业生产对机器的依赖与日俱增，生产线上的大型机器一旦出现重大故障，不但会影响企业的日常生产，严重的甚至会引发安全事故。稳健可靠的机器状态监测和故障诊断可有效预防机器故障，帮助企业消除计划外的储运损耗、优化机器性能、缩短返修时间并降低综合维护成本。

对于大型轴承设备的维护，当前有几种策略：一是"响应式维护"，即在设备崩溃以后进行维护；二是"预防式维护"，即在规定期限内进行设备替换；三是"预测式维护"，即根据设备的状态进行替换；四是"主动可靠式维护"，即根据"预测式维护"所得知识，优化机器设备的使用。显然，第三种和第四种策略是比较好的选择。主动式的状态监测和故障诊断需要获得更多的物理信息，如加速度、转速、位移、温度等，因此需要一个平台对这些信号测量提供全面支持。

尽管减轻系统故障的各种检测技术已经使用多年，但它们都没有实现尺寸、性能、成本与可靠性的完美结合，因此无法在工业应用中广泛地实现实时、持续不断的设备正常运转监控。

煤矿设备由于故障模式尚不清楚，需从第一模式开始研究。煤矿设备运行健康状况感知的目的是在线实时了解和分析煤矿重大设备的运行情况，给出设备运行状况是否处于正常情况下。与故障诊断不同，设备健康状况分析并不给出可能的故障形式。这是因为故障诊断研究了几十年，到目前为止仍鲜见实用系统，设备感知系统要进入实用，就不能再走故障诊断的老路。故障诊断系统不能进入实用阶段的一个重要原因就在于现场设备实际运行中，故障模式无法获取，不可能在现场设备中人为地制造故障来提取故障模式，因此，不可能进一步实施真正的故障诊断。

而设备感知提供了一种设备运转状态下的检测技术，通过采用矿山物联网技术，综合有线、无线技术，利用多参数或网络传感器，对矿山设备进行多参数信息监测，通过时空一体信息分析，得出设备整体运行健康状态，是一种行之有效的新型监测方法和理念。它摒弃了原有采用单一传感器监测单一器件运行状态的做法，而是将设备看做一个整体，由部件推断设备整体的健康状态，而不再局限于某一器件运行状况。同时，无须考虑设备故障模式，通过选择适当的模式库，简单将设备划分为正常和故障两种模式，巧妙地规避了设备故障模式不清楚的不利条件。在监测和分析方法上，由于采用多种传感器，有效调用了多种监测方法，并运用了时空信息分析算法，使原有监测内容和分析效果得到质的提高和改善。通过矿山设备状态感知，可以实现以下几个目标。

（1）了解和掌握设备的运行状态。包括采用各种检测、测量、监视、分析和判别方法，获得设备的运行状态信息。

（2）保证设备的安全、可靠和高效、经济运行。及时、正确、有效地对设备的各种异常或故障状态做出诊断，预防或消除故障，同时对设备的运行维护进行必要的指导，确保可靠性、安全性和有效性。制定合理的监测维修制度，保证设备发挥最大设计能力，同时在允许的条件下充分挖掘设备潜力，延长其服役期及使用寿命，降低设备全寿命周期费用。进一步，还可以通过检测、分析、性能评估等，为设备修改结构、优化设计、合理制造及生产过程提供数据和信息。

（3）指导设备管理和维修。根据监测结果，提出控制故障继续发展和消除故障的对策或措施（调整、维修、治理），为推进视情维修体制提供依据。

（4）避免重大事故发生，减少事故危害性。掌握设备的状态变化规律及发展趋势，防止事故于未然，将事故消灭在萌芽阶段。

（5）提高企业设备管理水平。实现"管好、用好、修好"设备，提高企业经济效益，推动国民经济持续、稳定、协调发展。

（6）降低监测成本。基于矿山物联网的矿山设备的多通道数据采集，提供了一种矿山设备的在线工况状态监测与诊断方法。通过对矿山设备多通道测量数据的特征提取、状态分类，可实现矿山设备的健康状态分类和全生命周期预测。

2.6　移动目标定位数据

移动目标监控是煤矿安全监控系统的重要组成部分，具有实时性、离散性等特点。矿井中移动目标包括矿工、机车、无轨胶轮车、带式输送机、矿车、提升机、采掘设备、单轨吊、移动通信设备、斜巷设备、移动瓦斯检测与抽排设备、移动机器人等[9]。

矿井中移动目标种类多、分布广，其工作环境具有环境恶劣、干扰严重、空间异质、流动性强等一系列特点。矿山移动目标跟踪管理是指在井下安全生产与救援信息系统之上，将无线通信技术、计算机技术、自动控制技术和网络通信技术有机结合，解决煤矿井下人员监测和设备跟踪管理等方面的技术难题，促进煤矿企业的安全生产。

目前，已有很多矿用监控系统用于煤矿安全生产，但大多数侧重于生产安全参数的监测，对井下人员定位、生产作业的车辆定位相对较少。且在已经实现的系统中，应用效果并不十分理想。因此，可针对井下移动目标监测存在盲区、位置无法精确定位，影响煤矿集中管控等问题，通过引入全局定时系统、惯性导航技术，对接收信号强度（RSSI）算法进行自适应补偿，研究煤矿移动目标数据的实时处理方法，实现移动目标的实时跟踪与管理。

2.7　移动测量数据传输与处理技术

矿山移动测量数据传输与处理，需从"感、传、知、用"四个层面研究移动测量数据的获取、传输、聚类与数据处理算法。以移动瓦斯测量数据为例，最终需实现利用固定监测点数据对移动瓦斯检测仪传感器数据合理调校的目标。由于移动瓦斯检测仪的调校问题是由智能矿灯在矿山物联网应用而产生的一个新问题，目前国内外还未见相关文献对此问题进行研究。但针对数据从传输到处理的各个过程与方法已有相关研究工作。

煤矿移动监测数据量大，数据压缩是一种高效传输和有效存储的解决方法。对于数据压缩技术的分类，根据不同的分类依据，大体上有以下几种方式。一是无损压缩和有损压缩。较典型的无损压缩技术包括 RLC（run length coding，游程编码）、HC（Huffman coding，霍夫曼编码）、AC（arithmetic coding，算术编码）

等，有损压缩技术包括 JPEG（joint photographic experts group，联合图像专家小组）、MPEG（moving picture experts group，动态图像专家组）等。二是统计编码和字典编码[10]。统计编码属于熵编码类，与原始数据出现的频率有关，像上面提到的游程编码、霍夫曼编码、算术编码都属于统计编码；字典编码的基本原理是将较长字符串或经常出现的字母组合构成字典中的各个词条，如串表压缩算法（LZW）[11]等，目前研究主要集中在字典建立、更新方法以及变换代码长度选择等方面。如何实现高压缩比、高解压缩速度和数据完整性三者的统一是目前一个重要的研究课题。

中国矿业大学的尹洪胜研究了采用预测和游程编码思想对瓦斯数据压缩的方法[6]。中国矿业大学的赵志凯针对煤矿瓦斯数据高维特性导致智能算法效率低下问题，提出了基于图的无参数维数约减算法和一种局部保持的半监督维数约减算法，并针对非线性维数约减问题，给出了算法核化扩展，使得算法具有较好的泛化性能[12]。目前，网络化分布式压缩编码技术是一个研究热点。小波变换由于同时具有时、频良好的局部特性以及自动调节时频窗的特点，可以聚焦被分析信号在任意局部的细节，结合小波变换的多分辨率特性，使其在网络压缩领域也获得广泛应用[13]。文献[14]根据传感器网络中数据具有流数据特性，在数据汇聚及 DC（data centric，以数据为中心）路由算法基础上，提出了一种基于区间小波变换的混合熵数据压缩方法对传感器网络中流数据进行压缩。文献[15]根据不同类型的数据之间具有的某种相关性，给出了一种基于小波的自适应多模数据压缩算法，能够有效去除数据之间的多模相关性和同种数据的空间和时间相关性。在图像处理方面，文献[16]研究了一种基于矩阵偏差度的纹理方向自适应提升小波变换方法，通过在局部子图像中自适应地选择小波变换方向，提升小波变换压缩质量。针对小波变换压缩误差，文献[17]在研究小波分解各子带能量与采样频率关系的基础上，提出了非均匀采样信号小波分析误差控制方法，通过利用高频系数作为对低频表示误差的判断指标，对误差超限位置处的数据增加一些采样点数，然后对修正后的数据进行一些低频分解，使得小波分析对低频误差也具有较好的控制能力，实现了压缩率和率失真的统一。

压缩传感提供了另一种数据压缩与重构的途径，它是建立在矩阵分析、概率统计、拓扑学以及泛函分析等基础之上的一种新颖信号获取和处理理论框架，针对稀疏或可压缩的信号，在采样的同时实现信号测量数据的压缩处理，使得对信号的采样、压缩编码一步完成。由于利用了信号的稀疏性，可以以远低于奈奎斯特的采样速率对信号进行非自适应的测量编码，突破了香农采样定理的瓶颈，使得高分辨率信号的采集成为可能。由于理论框架的新颖性，压缩传感为许多实际信号处理问题的解决提供了新的思路[18]。

信号处理是为了更好地提取信号中蕴含的信息。以 Cohen 类时频分布为核心的二次型方法由于其固有交叉项干扰影响，使得获得的信息变得不准确[19]。为了实现对信号更加灵活、简洁和自适应的表示，文献[20]提出了稀疏分解的概念。稀疏分解理论认为，分解结果越稀疏则越接近信号本征或内在结构。传统线性信号表示理论基于基分解，而在稀疏表示理论中基函数用过完备的原子字典冗余函数集代替。信号的过完备向量集合称为原子字典，原子字典的过完备性使得其中的向量在信号空间中足够密，向量间的正交性将不再被保证。相对于传统基于基分解的信号分析方法，稀疏表示方法满足了信号自适应表示的要求，可以更有效地揭示非平稳信号的时频结构。

压缩感知正是研究可稀疏表示信号的高概率压缩重构方法。运用压缩感知原理，美国莱斯大学成功研制了"单像素"的压缩传感数码照相机[21]，在这种相机中，DMD（digital micromirror device，数字微镜阵列）取代了传统相机的 CCD（charge coupled device，电荷耦合元件）和 CMOS（complementary metal oxide semiconductor，互补金属氧化物半导体）图像。由于该相机直接获取的是 M 次随机线性测量值，而不是获取原始信号的 N 的像素值，为单像素相机拍摄高质量图像提供了可能。Bhattacharya 等将压缩传感理论应用到合成孔径雷达图像数据获取上[22]，解决了海量数据的采集和存储问题，大大降低了卫星图像处理的计算代价。

压缩感知理论研究内容主要包括信号稀疏表示、测量矩阵设计与重构算法三个部分。信号稀疏表示一直沿着两条路进行，一是以独立分量分析为代表的基于统计学的研究方法，另一条是以匹配追踪为代表的基于组合优化的研究方法[19]。1993 年，Mallat 和 Zhang 首次提出应用过完备原子字典对信号进行稀疏分解的思想，并给出了 MP（matching pursuit，匹配追踪）算法[23]。MP 算法是典型的贪婪算法，由于其在每次迭代过程中会引入不期望的误差分量，这会使得每次迭代的结果并不是最优的而是次最优的，使算法收敛受到影响。为了改进 MP 算法的性能，各种改进算法相继提出。1993 年，Pati 等提出 OMP（orthogonal matching pursuit，正交匹配追踪）算法[24]。OMP 算法沿用了 MP 算法中的原子选择准则，通过递归地对已选择原子集合进行正交化以保证迭代的最优性，从而减少了迭代次数。OMP 算法以极大概率准确重构信号，并非对所有信号都能够准确重构，而且对于测量矩阵的要求比约束等距性更加严格。1998 年，Gharavi-Alkhansari 等提出快速 OMP 算法[25]。2000 年，Jeon 等为减少计算复杂度将距离测度引入 MP 算法中[26]。2007 年，Rebollo-Neira 利用斜投影提出了斜 MP 算法[27]。另一种重要的稀疏分解算法是 1998 年 Chen 等提出的基追踪算法[28]，但是基追踪算法的复杂度更高，限制了其应用。基于过完备原子字典的信号稀疏分解算法中，选择何种类型的原子构造合适的原子字典是信号稀疏表示的另一个重要研究热点。Elad 等给出了满足基追踪算法重构的原子字典相干条件[29]。Tropp 研究了贪婪算法和凸松弛算法的收敛性，并给出使得这两类算法收敛原子字典应满足的条件[30]。为了满足图像稀疏表示需要，针对视频运动补偿图像特点，Neff 等应用二维可分离的 Gabor 原子构造了二维 Gabor 字典进行视频图像的低比特率压缩[31]。文献[32]研究了各向异性原子，其特点是在一个方向上体现贴近图像边缘特征的高频成分，而在另一个方向上由高斯包络函数体现低频特性。信号稀疏表示是一个较新的研究方面，虽然在各方面取得了一定的成果，但仍很难满足很多应用的要求，逼近误差和逼近效率仍是一个研究重点。

压缩感知中用于测量的随机矩阵会增加系统的代价，不利于物理实现，为此，一些学者提出利用确定型测量矩阵或结构化测量矩阵来替代随机矩阵的思想。文献[33]提出利用 LDPC（low density parity check code，低密度奇偶校验码）校验矩阵作为测量矩阵的方法。文献[34]利用混沌序列构造测量矩阵，通过利用混沌序列的高阶不相关性来产生测量矩阵，使得测量矩阵兼具随机矩阵的随机特征和伪随机可控特征。文献[35]采用阵列码构造出测量矩阵。文献[36]提出一种新的确定性测量矩阵构造方法，称为 m 序列矩阵，仿真表明性能优于高斯矩阵。中国矿业大学的徐永刚利用混沌序列的高阶不相关性来产生观测矩阵，提出一种基于系数贡献度的自适应观测重建算法用于煤矿图像的压缩感知，通将非线性重建问题转换为线性重建问题，降低了计算复杂度[37]。

信号重构算法是压缩传感理论的核心，理论证明，信号可以由测量值通过求解 l_0 范数问题精确重构，但 Donoho 指出，最小 l_0 范数问题是一个 NP-hard 问题，于是转化为求 l_1 范数最小化[38]。相对于适合一维信号重构的 l_1 范数最小化法，Candès 等从大量自然图像其离散梯度是稀疏的角度出发，提出了更适合二维图像重构的最小全变分法[39]，最小全变分模型可以有效地解决图像压缩重构的问题，并且重构结果精确而且鲁棒，但是运算速度较慢。2009 年，Li 提出基于最小全变分法的 TVAL3（total variation minimization by augmented Lagrangian and alternating direction algorithms，基于交替方向增广拉格朗日的全变分最小化算法）[40]，将全变分法和增广拉格朗日函数相结合来进行图像的压缩与重构，有效提高了重构速度，并且重构图像的 PSNR（peak signal to noise ratio，峰值信噪比）也有了明显改善。文献[41]研究了基于分块思想的图像重构方法，可有效提高重构速度，但同时会带来较强的块效应，为此提出了一种基于 TV（total variation，全变分）准则的图像分块重构算法，通过利用已重构块的边界像素信息，从而有效消除了图像的块效应。文献[42]提出了一种近似梯度下降算法对噪声下的压缩采样信号进行恢复，通过逐步迭代逼近的方式，求得约束方程最优解，进而还原出原始信号。

井下采集信息的无线传输离不开路由技术，目前存在的无线路由协议，主要侧重于如何尽可能延长网络的生存时间[43]。针对移动节点能量受限、网络拓扑结构动态变化等一系列特点，国内外科研人员设计了多种面向无线传感网络的路由协议。无线网络中，传感器能量消耗包括电路能量消耗和通信能量消耗两部分，文献[44]研究表明，一定范围内传感器通信属于无线传输自由空间模型，能量消耗与通信距离平方成正比，如果超出一定临界值则与通信距离四次方成正比。文献[45]研究了均匀分布的固定发射功率网络中，节点负载和节点跳数、基站位置及数量之间的关系。DD（directed diffusion，定向扩散）模型[46]是一种以数据为中心的信息传播路由协议，其主要思想是将来自于不同源节点发送的数据聚合起来，从而达到减少数据的冗余、缩减数据传递次数以及延长网络生存时间的目的，目前 WSN（wireless sensor network，无线传感器网络）中很多路由协议都是在 DD 模型的基础上提出来的。由于 DD 模型是基于按需查询驱动的数据传输模型，它不适用于诸如环境监控这类要求连续传递数据的系统。LEACH（low energy adaptive clustering hierarchy，低功耗自适应集簇分层型协议）是 MIT（Massachusetts Institute of Technology，麻省理工学院）的 Chandrakasan 等为 WSN 设计的低功耗分层路由协议[47]，仿真结果表明，与一般的平面多跳路由协议和静态分层路由算法相比，LEACH 协议可以将网络生存周期延长 15%。GEAR（geographical and energy aware routing，地理能量感知路由）[48]协议是在 DD 模型的基础上提出的，它利用能量和地理信息作为启发式选择路径向目标区域传送数据，因此相比于 DD 模型更加节省能量。

随着井下智能矿灯的大量使用，由于矿工的随机行走，同一巷道中会出现多个矿工的情形，多个矿工之间就构成了多传感器采集系统。对于多个节点组成的分布式信号采集网络，各节点之间采集信息能否做到严格同步是后续分析的基础，否则，将造成数据处理和分析失去原有的意义。因此，时间同步技术是多传感器信号采集实现的先决条件[49]。从同步算法来看，目前主要包括三类：一是基于发送者的同步算法，如 DMTS（delay measurement time synchronization，延迟测量时间同步）[50]、FTSP（flooding time synchronization protocol，泛洪时间同步协议）[51]；二是基于发送者–接收者交互的同步算法，如 TPSN（timing-sync protocol for sensor networks，传感网络时间同步协议）[52]、Mini-sync 和 Tiny-sync[53]；三是基于接收者–接收者的时间同步算法，如 RBS（reference broadcast synchronization，基于参考广播的时间同步协议）[54]。近年来根据以上几种典型同步算法，一些基于分簇的层次型拓扑结构算法，以及结合生成树来提高整个网络性能的同步算法，如 BTS（broadcast time synchronization，广播时间同步）算法[55]和 ETSP（energy- efficient time synchronization protocol，能量效率时间同步协议）[56]算法也被提出。

数据的聚类是对传感器测量数据进行预处理，识别出异常数据，实现流数据的清洗，为后续传感器数据修正提供合格的、可供分析与计算的数据。长期以来，国内外学者对监测数据预测做了大量工作，大量数学工具和分析方法如小波分析、混沌理论、分形理论、人工神经网络理论、支持向量机、遗传算法、流行计算、证据理论、粒子计算等科学理论都应用到监测数据预测当中。文献[57]在综合煤与瓦斯突出多种因素的基础上，提出建立煤与瓦斯突出危险性等级，利用物元和可拓集合理论建立了煤与瓦斯突出危险性预测的物元可拓集合模型，提出了煤与瓦斯突出危险性预测的可拓集合聚类方法。文献[58]基于煤与瓦斯突出机理，构建了煤巷掘进工作面煤与瓦斯突出的简化力学模型，通过力学分析，提出了以瓦斯压力为主要指标的突出判式。文献[59]针对现有煤与瓦斯突出预测指标的不足，探讨了一种新的突出预测指标——流量面积矩，实现对掘进巷道前方煤体的突出危险性实施动态连续测定。

矿山物联网中的移动测量数据主要包括移动瓦斯测量数据、分布式矿震监测数据、矿山设备多通道测量数据和移动目标定位数据等，不同类型的移动数据传输与处理技术具有相似性内容，后续章节对这几种数据处理方法的介绍将以移动瓦斯测量数据为主，介绍移动测量数据的传输与处理技术，并兼顾其他几种移动测量数据的处理方法。

第 3 章　移动瓦斯测量数据传输技术

3.1　瓦斯数据流压缩感知技术

由于大量移动瓦斯节点的使用，煤矿井下瓦斯监测数据倍增，数据压缩是一种高效传输和有效存储的解决方法。

3.1.1　压缩感知理论基础

1. 压缩感知理论框架

压缩感知（compressed sensing，CS）自 2006 年由 Donoho 等正式提出以来，作为一种新的信号采集理论，由于其打破了香农-奈奎斯特采样理论局限，受到相关领域学者的广泛关注。

传统信号采集与处理过程主要包括采样、压缩、传输和解压四个部分，如图 3-1 所示。其采样过程必须满足香农采样定理，即采样频率必须大于信号最高频率的 2 倍。信号压缩时先对信号进行某种变换，如 DCT（discrete cosine transform，离散余弦变换）或小波变换，然后对少数绝对值较大的系数和位置进行压缩编码，同时舍弃零或接近于零的系数。这种压缩方法实际上造成了严重的资源浪费，因为大量采样数据在压缩过程中被丢弃了，而它们对于信号来说都是不重要的。从这个意义而言，带宽不能本质地表达一般信号的信息，基于信号带宽的香农采样机制是冗余的。

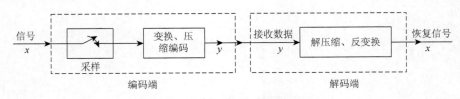

图 3-1　传统压缩编解码理论框图

压缩感知则是对信号的采样、压缩编码一步完成，由于利用了信号的稀疏性，可以以远低于奈奎斯特采样速率对信号进行非自适应的测量编码，如图 3-2 所示。压缩感知理论指出，当信号满足在某个变换域是稀疏或可压缩的，可以利用与变换矩阵非相干的测量矩阵将信号的变换系数线性投影为低维的观测向量，同时这种投影保留了重建信号所需的信息，通过进一步求解稀疏信号最优化问题就能从低维观测向量精确或高概率地重建原始高维信号。在该理论框架下，采样速率不再取决于信号带宽，而在很大程度上取决于稀疏性和非相干性，或者稀疏性和等距约束性。压缩感知理论的优点在于信号的投影测量数据量远远小于传统采样方法所需要的数据量，突破了香农采样定理的瓶颈，使得高分辨率信号采集成为可能。

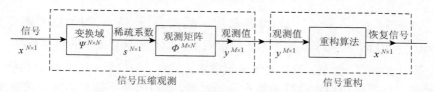

图 3-2　压缩感知编解码理论框图

压缩感知主要包括以下三个步骤：

（1）长度为 N 的原始信号 x 是稀疏的或在基底 $\Psi^{N\times N}$ 下是稀疏的，稀疏信号为 s；

（2）利用观测矩阵 $\Phi^{N\times N}$ 获取观测值 y；

（3）已知 Φ、Ψ 和 y 选择合适的算法恢复 x。

由此可见，压缩感知理论主要包括信号的稀疏表示、测量矩阵的设计与重构算法三个部分。其中，信号的稀疏表示是信号可压缩感知的先决条件，测量矩阵的设计是获取信号结构化表示的手段，而重构算法则是实现信号重构的保证。图 3-3 所示为信号 x 在稀疏和非稀疏两种情况下压缩感知测量过程[59]。

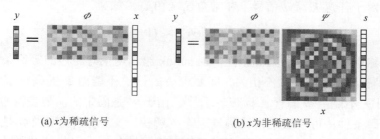

(a) x 为稀疏信号　　　　　　　　(b) x 为非稀疏信号

图 3-3　压缩感知测量过程

2. 信号的稀疏表示

如果一个信号中只有少数元素非零，则该信号是稀疏的。通常时域内的自然信号都是非稀疏的，但是它们在某些变换域可能是稀疏的，这就需要研究信号的稀疏表示方法。所谓信号的稀疏表示，就是将信号投影到某种正交变换基上时，可以使得绝大部分变换系数的绝对值很小，因而所得到的变换向量是稀疏或者近似稀疏的，这样可以将这种变换信号看做原始信号的一种简洁表达方式，这种方法称为信号的稀疏表示方法。信号的稀疏表示是压缩感知的先验条件，即信号必须在某种变换下可以稀疏表示。

由于长度为 N 的一维离散时间信号,可以表示为一组标准正交基的线性组合,如 DFT(discrete Fourier transform,离散傅里叶变换)或快速傅里叶变换(fast Fourier transform,FFT):

$$x = \sum_{i=1}^{N} s_i \psi_i \quad 或 \quad x = \Psi s \tag{3-1}$$

其中, $\Psi = [\psi_1, \psi_2, \cdots, \psi_N]$, ψ_i 为列向量。列向量 s 是 x 的加权系数序列, $s_i = \langle x, \psi_i \rangle = \psi_i^T x$。可见 s 是信号 x 的等价表示,如果 s 只有很少的非零系数,则称信号 x 是可压缩的。如果 s 只有 K 个元素非零,则称 s 为信号 x 的 K 稀疏表示[60]。

通常变换基可以根据信号的特点灵活选取,常用的变换基有离散余弦变换基、快速傅里叶变换基、离散小波变换基[61]、Curvelets 基[62]、Gabor 基[63]等。当信号不能用正交基稀疏表示时,可以采用冗余字典[64, 65]稀疏表示。

3. 测量矩阵的设计

已知长度为 N 的 K 稀疏信号 x,测量矩阵 $\Phi \in \mathbf{R}^{M \times N} (M \ll N)$,求测量值 $y(y \in \mathbf{R}^M)$。若 x 稀疏时可由 $y = \Phi x$, $y_j = \langle x, \phi_j \rangle$ 得到,当 x 非稀疏时,首先把 x 稀疏表示 $x = \Psi s$,然后求测量值 $y = \Phi x = \Phi \Psi s = \Theta s$。其中, Θ 称为传感矩阵。 Φ 的每一行可以看做一个传感器(sensor),它与信号相乘,拾取了信号的一部分信息。

为了重构信号,Candès 和 Tao 给出并证明了传感矩阵 Θ 必须满足约束等距性条件[66]。对于任意 K 稀疏信号 v 和常数 $\delta_K \in (0,1)$,如果

$$(1 - \delta_K)\|v\|_2^2 \leqslant \|\Theta v\|_2^2 \leqslant (1 + \delta_K)\|v\|_2^2 \tag{3-2}$$

成立,则称矩阵 Θ 满足约束等距性。Baraniuk 给出约束等距性的等价条件是测量矩阵 Φ 和稀疏表示的基 Ψ 不相关,即要求 Φ 的行 ϕ_j 不能由 Ψ 的列 ψ_i 稀疏表示,且 Ψ 的列 ψ_i 不能由 Φ 的行 ϕ_j 稀疏表示[60]。由于 Ψ 是固定的,要使得 $\Theta = \Phi \Psi$ 满足约束等距条件,可以通过设计测量矩阵 Φ 解决。文献[67]证明当 Φ 是高斯随机矩阵时,传感矩阵 Θ 能以较大概率满足约束等距性条件。因此可以通过选择一个大小为 $M \times N$ 的高斯测量矩阵得到 Φ,其中每一个值都满足 $N(0, 1/N)$ 的独立正态分布。其他常见的能使传感矩阵满足约束等距性的测量矩阵还包括二值随机矩阵、局部傅里叶矩阵、局部哈达玛(Hadamard)矩阵以及托普利兹(Toeplitz)矩阵等[68]。

4. 重构算法

信号重构算法是压缩感知理论的核心,它是指由 M 长测量向量 y 重构长度为 N 的稀疏信号 x 的过程。因为 $y = \Phi x$,并且 y 的维数远低于 x 的维数,所以方程有无穷多解。然而如果原始信号 x 是 K 稀疏的并且测量矩阵满足一定条件,理论证明,信号 x 可以由测量值 y 通过求解 l_0 范数问题精确重构:

$$\hat{x} = \arg\min \|x\|_0$$
$$\text{s.t.}\ \Phi x = y \tag{3-3}$$

式中，$\|\cdot\|_0$ 为向量的 l_0 范数，表示向量 x 中非零元素的个数。Candès 等指出，如果要精确重构 K 稀疏信号 x，测量次数 M（即 y 的维数）必须满足约束关系 $M = O(K \log N)$。但 Donoho 指出，最小 l_0 范数问题是一个 NP-hard 问题。鉴于此，研究人员提出了一系列求得次最优解的算法，其中主要包括正交匹配追踪（OMP）算法、基追踪（basis pursuit，BP）算法以及专门处理二维图像问题的最小全变分（TV）法等。

1）OMP 算法

OMP 算法在每一步迭代中将信号投影到由所有与被选择的原子张成的子空间上，对所有被选原子的稀疏进行更新，以使产生的残差与被选原子都正交。具体步骤如下。

输入：传感矩阵 Θ，采样向量 y，稀疏度 K。

输出：s 的 K 稀疏逼近 $\hat{s}$。

初始化：残差 $R_0 f = y$，索引集 $\Lambda_0 = []$，传感矩阵 $\Theta_0 = []$，$k = 1$。

步骤 1：找出残差 $R_{k-1} f$ 和传感矩阵每一列内积中最大值所对应脚标 n_k，即

$$n_k = \arg\max_j |\langle R_{k-1} f, \theta_j \rangle|, \quad \theta_j \in \Theta \setminus \Theta_k \tag{3-4}$$

步骤 2：更新索引集 $\Lambda_k = \Lambda_{k-1} \bigcup \{n_k\}$，传感矩阵 $\Theta_k = [\Theta_{k-1}, \theta_{n_k}]$。

步骤 3：由最小二乘法得到

$$\hat{s}_k = (\Theta_k^{\mathrm{H}} \Theta_k)^{-1} \Theta_k^{\mathrm{H}} y \tag{3-5}$$

步骤 4：计算残差

$$R_k f = y - \Theta_k \hat{s}_k \tag{3-6}$$

步骤 5：$k = k + 1$，重复步骤 1~4，直至找到变换域所有 K 个最重要的分量。

2）BP 算法

OMP 算法由于每一步都执行局部最优化，其结果可能是错误的。BP 算法在全局准则下进行极小化，可避免贪婪追踪可能产生的错误。其通过最小化 l_1 范数将信号稀疏问题定义为一类有约束的极值问题，进而转化为线性规划问题进行求解。其主要缺点是：算法计算复杂度很高，只对高斯白噪声的重构去噪效果明显，对于含脉冲噪声信号的恢复效果较差，不能满足信号处理的要求。

3）最小 TV 法

最小 TV 法假定图像梯度 ∇f 是稀疏的，因此可以通过强制它的 l_1 范数也就是图像全变分 $\iiint |\nabla f(x)|\,\mathrm{d}x$ 达到极小而实现。对于离散的图像，梯度向量可利用水平和垂直的有限差分来计算[69]。记 $\tau_1 = (1,0)$，$\tau_2 = (0,1)$，则

$$D_k f(p) = f(p) - f(p - \tau_k), \quad k = 1, 2 \tag{3-7}$$

离散的全变分范数为复的 l_1 范数：

$$\| f \|_V = \sum_p \sqrt{|D_1 f(p)|^2 + |D_2 f(p)|^2} = \| \Phi f \|_1 \tag{3-8}$$

式中，Φ 为一个复值的分解算子：

$$\Phi f = D_1 f + \mathrm{j} D_2 f \tag{3-9}$$

3.1.2 瓦斯数据稀疏化特点

压缩感知理论假定信号是稀疏的或是在某个变换域内为稀疏的，瓦斯测量信号在时域不具有稀疏性特点。图 3-4 为瓦斯突出信号经压缩感知与重构误差比较图，恢复算法为 OMP 算法。图 3-4（a）所示为瓦斯突出信号经 FFT 后的系数分布情况，由于瓦斯信号属于非交变信号，具有一定直流分量，所以经 FFT 后在频率为 0 处达到了最大值，且幅值远大于其他频率分量的幅值。为了能够表现出其他频率分量所占的比例，图中对纵坐标范围进行了限制，这样 0 频率附近的系数由于超出了坐标范围而无法完整显示。由图可见，瓦斯数据频率域系数在高频部分大部分接近 0，满足压缩感知理论对信号必须稀疏的要求，因而可以利用压缩感知理论进行信号处理和重构。图 3-4（b）所示为当采用高斯随机测量矩阵，压缩比为 0.5，信号重构采用 OMP 算法时，重构后信号与原始信号之间的接近程度。图 3-4（c）所示为压缩比变化对重构精度的影响。由图可见，采用 OMP 算法进行信号重构时，当压缩比<0.5 时，重构误差>5%，恢复效果并不理想。

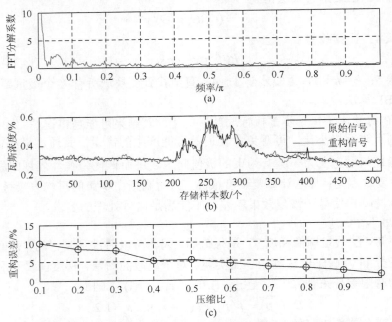

图 3-4　瓦斯突出信号压缩感知与重构误差（采用 OMP 算法恢复）

3.1.3　瓦斯数据压缩采集模型

采用压缩传感理论进行信号压缩采集与恢复具有如下特点。

（1）编码端简单，只需要一个随机分布且满足不相干性的测量矩阵，并且编码具有非自适应性特点。

（2）编解码具有不对等性。编码端运算复杂度低和能耗小，具有唯一性，解码端运算复杂度高，且重构方法可选择性很多。

（3）压缩感知本身具有鲁棒性和抗噪性。因为测量矩阵将高维信息分摊到每个测量值上，每个测量系数具有相同的重要性或不重要性，丢失其中任意几个造成的误差相同。

因此，压缩传感尤其适合需要低能耗的传感器编码而解码端运算能力高的信号处理系统。移动瓦斯检测仪检测的瓦斯数据通过无线网络传送给无线接入点，当多个移动瓦斯检测仪在井下游走时，同一个无线接入点附近的移动瓦斯检测仪构成了一个无线传感网络。由于智能矿灯中的移动瓦斯检测仪数据处理能力较低，而上位机具有极高的信号处理能力，因此移动瓦斯检测仪构成了一个天然符合可运用压缩传感理论的系统。

1. 瓦斯数据流传输的两种网络结构

移动瓦斯检测仪从一个固定检测点移动到另一个固定检测点，或者从一个无线接入点移动到另一个无线接入点，数据的传输可分为两种方式：单跳网络和多跳网络。对于两种传输网络，数据采用不同的传输方式。

1）单跳网络

假设所有移动瓦斯检测仪均在无线接入点的通信范围内，所有移动瓦斯检测仪均周期性测量环境瓦斯参数并直接发送至无线接入点（融合中心），如图 3-5 所示。

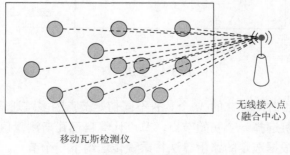

图 3-5　单跳网络

令 N 为移动瓦斯检测仪的数目，x_j 为第 j 个传感器测量到的瓦斯数据。为了利用压缩感知理论，要求每个移动瓦斯检测仪将采集到的瓦斯传感器在 M 个时间间隙内，分 M 次将测量数据和 M 个随机系数 $\{\Phi_{i,j}\}_{i=1}^{M}$ 的乘积传送到无线接入点。随机系数的产生由移动瓦斯检测仪的 ID 作为伪随机序列发生器的种子自身产生。在第 i 个时隙，N 个移动瓦斯检测仪同时传送 $\Phi_{i,j}x_j$ 到无线接入点，因此无线接入点接收到的信号为[70, 71]

$$y_i = \sum_{j=1}^{N} \Phi_{i,j} x_j \qquad (3\text{-}10)$$

当 M 个时隙终了时，将无线接入点接收到的信号向量 $y=[y_1,\cdots,y_M]^T$ 写成矩阵形式为

$$y = \Phi x \qquad (3\text{-}11)$$

式中，Φ 是 $M \times N$ 阶矩阵。

虽然传送的瓦斯向量 x 并不稀疏，然而由于物理现象的空间相关性，因此有理由认为瓦斯向量在某些变换域是稀疏的。3.1.2 节验证了瓦斯向量至少在 DFT 域是稀疏的。设瓦斯向量 x 在某类正交基下分解系数为 s，并且 s 是稀疏的，则

$$y = \Phi x = \Phi \Psi s \qquad (3\text{-}12)$$

这样就转变为一个标准的压缩感知问题。

2）多跳网络

当有多个移动瓦斯检测仪从一个无线接入点向另一个无线接入点移动时，除了可以采用单跳网络，也可以采用多跳通信方式，如图 3-6 所示。数据汇聚方式如下。

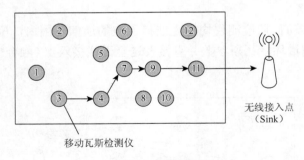

图 3-6　多跳网络

数据采集采用时间独立的 M 个具有不同初始节点的多跳通信链路，对于每一个多跳网络，随机选择一个初始节点，节点计算自己瓦斯测量值与自身产生的随机系数的乘积，根据选定的路由算法将乘积传送给下一个节点。下一个节点将接收到的信号与本地产生的乘积相加，再传送给下一个节点，以此类推。这样，无

线接入点接收到的第 i 路多跳信号为[72]

$$y_i = \sum_{j \in P_i} \Phi_{i,j} x_j \qquad (3\text{-}13)$$

式中，P_i 是在第 i 条多跳通信链路中节点索引集合；$\Phi_{i,j}$ 是第 j 个节点产生的随机系数；x_j 是第 j 个节点测量的瓦斯数据。同样假设瓦斯测量数据的空间相关性，无线接入点接收到的信号向量 $y = [y_1, \cdots, y_m]$ 可以表示为

$$y = \Phi \Psi s \qquad (3\text{-}14)$$

式中，Φ 是 $M \times N$ 阶矩阵，当 $j \in P_i$ 时，第 (i,j) 元素的值就等于 $\Phi_{i,j}$，否则为 0。这样就转变为一个标准的压缩感知问题。

2. 瓦斯数据流的压缩采集模型

移动瓦斯检测仪以矿灯为载体，以 GS1011 低功耗 Wi-Fi 芯片为硬件核心。由于矿灯除了担负感知周围环境的任务之外，还担负照明功能及应急通信功能，因此，移动瓦斯检测仪的低能耗是应用的重要制约因素。考虑到矿灯能量受限，因而当有多个移动瓦斯检测仪从一个无线接入点向另一个无线接入点移动时，优先采用多跳通信方式。

根据以上分析，数据采集需收集时间独立的 M 个具有不同初始节点的多跳通信链路上的信号。令无线接入点接收到的第 i（$i = 1, 2, \cdots, M$）路多跳信号为 $y_i = \sum \Phi_{i,j} x_j$，其中，$\Phi_{i,j}$ 是第 i 条多跳通信链路中第 j 个节点产生的随机系数，x_j 是第 j 个节点测量的瓦斯数据，则 M 个多跳链路构成接收矢量 $y = [y_1, \cdots, y_M]$，表示为 $y = \Phi \Psi s$，如图 3-7 所示。

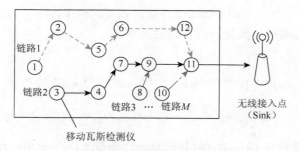

图 3-7　瓦斯数据流的压缩采集模型

3.1.4　稀疏化频率与采样点数

煤矿瓦斯数据是典型的时间序列，其测量数据的变化反映移动空间瓦斯随时间的变化情况。一般来说，瓦斯曲线的突变都包含丰富的频率分量，而任意两个波动的时间间隔 Δt 将反映信号相位对瓦斯曲线的影响，而任意两个波动的幅值则

反映信号强度对瓦斯曲线的影响，如图 3-8 所示。

　　能否捕捉到突变分量的幅度以及时间间隔将会对分析结果产生影响。根据前面分析的瓦斯数据流压缩采集模型，每一个移动瓦斯检测仪检测到的瓦斯数据 x_j 都是一个标量信号，因此稀疏化频率或采样间隔和采样点数能否反映瓦斯数据变化规律，以及能否捕捉到瓦斯的突变将对后续的分析和判决至关重要。因此，需要研究稀疏化频率与采样点数对瓦斯曲线分辨率的影响。

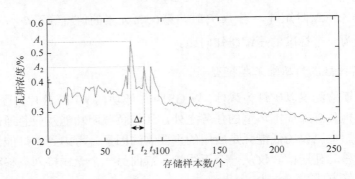

图 3-8　瓦斯突变信号相位和幅度对瓦斯曲线的影响

1. 瓦斯突变信号相位对采样点数的影响

　　瓦斯突变信号相位对采样点数的影响反映在测量曲线上，即两个突变信号的时间间隔 Δt 对采样点数的影响。为了简化，考虑两个等幅单频信号的复合信号：

$$x(n) = \cos(\omega_1 n + \varphi_1) + \cos(\omega_2 n + \varphi_2) \tag{3-15}$$

式中，φ_1 和 φ_2 为两个单频信号的初相位。

　　根据欧拉公式：

$$x(n) = \frac{1}{2}[e^{j(\omega_1 n + \varphi_1)} + e^{-j(\omega_1 n + \varphi_1)} + e^{j(\omega_2 n + \varphi_2)} + e^{-j(\omega_2 n + \varphi_2)}]$$

$$= \frac{1}{2}(e^{j\varphi_1}e^{j\omega_1 n} + e^{-j\varphi_1}e^{-j\omega_1 n} + e^{j\varphi_2}e^{j\omega_2 n} + e^{-j\varphi_2}e^{-j\omega_2 n}) \tag{3-16}$$

以 N 点矩形窗函数 $w_R(n) = R_N(n)$ 进行截取，得到 $x_1(n) = x(n)w_R(n)$。矩形窗函数的频谱：

$$W_R(\omega) = e^{-j\frac{N-1}{2}\omega} \frac{\sin\left(\dfrac{N\omega}{2}\right)}{\sin\left(\dfrac{\omega}{2}\right)} = W(\omega)e^{-j\frac{N-1}{2}\omega} \tag{3-17}$$

则 $x_1(n)$ 的频谱：

$$X_1(e^{j\omega}) = \frac{1}{2}[e^{j\varphi_1}W_R(\omega-\omega_1) + e^{-j\varphi_1}W_R(\omega+\omega_1)$$
$$+ e^{j\varphi_2}W_R(\omega-\omega_2) + e^{-j\varphi_2}W_R(\omega+\omega_2)] \tag{3-18}$$

$X_1(e^{j\omega})$ 的频谱由正、负两部分组成。由于负频率对正频率主瓣宽度的影响很小，因此在分析频率分辨率时，可以只分析正频率部分。令

$$X_2(e^{j\omega}) = \frac{1}{2}[e^{j\varphi_1}W_R(\omega-\omega_1) + e^{j\varphi_2}W_R(\omega-\omega_2)]$$

$$= \frac{1}{2}\left[e^{j\varphi_1}W(\omega-\omega_1)e^{-j\frac{N-1}{2}(\omega-\omega_1)} + e^{j\varphi_2}W(\omega-\omega_2)e^{-j\frac{N-1}{2}(\omega-\omega_2)}\right]$$

$$= \frac{1}{2}\left\{W(\omega-\omega_1)e^{j\left[\varphi_1-\frac{N-1}{2}(\omega-\omega_1)\right]} + W(\omega-\omega_2)e^{j\left[\varphi_2-\frac{N-1}{2}(\omega-\omega_2)\right]}\right\}$$

$$= \frac{1}{2}\left\{W(\omega-\omega_1)\cos\left[\varphi_1-\frac{N-1}{2}(\omega-\omega_1)\right] + jW(\omega-\omega_1)\sin\left[\varphi_1-\frac{N-1}{2}(\omega-\omega_1)\right]\right.$$

$$\left. + W(\omega-\omega_2)\cos\left[\varphi_2-\frac{N-1}{2}(\omega-\omega_2)\right] + jW(\omega-\omega_2)\sin\left[\varphi_2-\frac{N-1}{2}(\omega-\omega_2)\right]\right\} \tag{3-19}$$

则

$$|2X_2(e^{j\omega})|^2 = W^2(\omega-\omega_1) + W^2(\omega-\omega_2)$$

$$+ 2W(\omega-\omega_1)W(\omega-\omega_2)\cos\left[\varphi_1-\varphi_2+\frac{N-1}{2}(\omega_1-\omega_2)\right] \tag{3-20}$$

由式（3-20）可见，$x_1(n)$ 的频谱不是 $W(\omega-\omega_1)$ 和 $W(\omega-\omega_2)$ 波形的简单叠加，第三项 $2W(\omega-\omega_1)W(\omega-\omega_2)\cos\left[\varphi_1-\varphi_2+\frac{N-1}{2}(\omega_1-\omega_2)\right]$ 将对 $x_1(n)$ 的频谱产生重要影响，如图 3-9 所示。

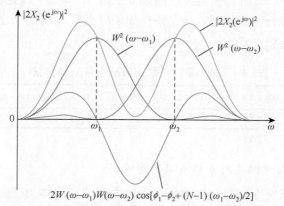

图 3-9　信号相位差对加窗后信号幅度频谱的影响

为了使合成频谱能显示两个峰，令 $W(\omega-\omega_1)$ 和 $W(\omega-\omega_2)$ 波形的交叠点在 $\omega=\dfrac{\omega_1+\omega_2}{2}$ 处，$|X_2(\mathrm{e}^{\mathrm{j}\omega})|\approx0$，由此可得到在满足频率分辨率 $\Delta\omega$ 情况下所需要的最小采样点数。令

$$\left.|X_2(\mathrm{e}^{\mathrm{j}\omega})|\right\|_{\omega=(\omega_1+\omega_2)/2}=0$$

可得

$$\cos\left[\varphi_1-\varphi_2+\frac{N-1}{2}(\omega_1-\omega_2)\right]=-1 \tag{3-21}$$

或

$$W(\omega-\omega_1)=W(\omega-\omega_2)|_{\omega=(\omega_1+\omega_2)/2}=0 \tag{3-22}$$

由于 $W(\omega)$ 的主瓣宽度为 $4\pi/N$，因此式（3-22）的解相当于 $\Delta\omega=|\omega_2-\omega_1|=4\pi/N$ 的情况，此时的 $N=\dfrac{4\pi}{|\omega_2-\omega_1|}$，已经超出了理论中所需最小采样点数 $N_{\min}$ 的一倍。

由式（3-22）可见，满足条件的最小采样点数 N 与信号中两个单频信号的相位差 $\varphi_1-\varphi_2$ 有关。

通过对式（3-22）的求解，可得到

$$\varphi_1-\varphi_2+\frac{N-1}{2}(\omega_1-\omega_2)=(2k+1)\pi$$

$$\Rightarrow \omega_1-\omega_2=\frac{2}{N-1}[(2k+1)\pi-(\varphi_1-\varphi_2)]$$

$$\Rightarrow N-1=\frac{2}{\omega_1-\omega_2}[(2k+1)\pi-(\varphi_1-\varphi_2)] \tag{3-23}$$

$$k=0,1,2,\cdots$$

表 3-1 列出了 $\omega_1-\omega_2=0.1\pi$ 的情况下，N 与 $\Delta\varphi=\varphi_1-\varphi_2$ 的关系。由表 3-1 可见，当 $\Delta\varphi=1.1\pi\sim1.9\pi$ 时，满足条件的采样点数 N 均大于理论值（20）；值得注意的是，当 $\Delta\varphi=0.1\pi\sim0.9\pi$ 时，满足条件的采样点数 N 可能会小于理论值，但这时的测频精度会急剧下降。

表 3-1　最小采样点数 N 与相位差 $\Delta\varphi$ 的关系

$\Delta\varphi/\pi$	0	0.1	0.2	0.3	0.4	0.5	0.6	0.7	0.8	0.9	1	1.1	1.2	1.3	1.4	1.5	1.6	1.7	1.8	1.9
N	21	19	17	15	13	11	9	7	5	3	1	39	37	35	33	31	29	27	25	23

2. 瓦斯突变信号幅度对采样点数的影响

下面分析瓦斯突变信号幅度对采样点数的影响。同样为了简化，考虑两个不同幅度单频信号的复合信号：

$$x(n) = \cos(\omega_1 n) + A\cos(\omega_2 n) \quad (3\text{-}24)$$

式中，A 为比例系数。

以 N 点矩形窗函数 $w_R(n) = R_N(n)$ 进行截取，得到 $x_1(n) = x(n)w_R(n)$。因为

$$x(n) = \cos(\omega_1 n) + A\cos(\omega_2 n) = \frac{1}{2}(e^{j\omega_1 n} + e^{-j\omega_1 n} + Ae^{j\omega_2 n} + Ae^{-j\omega_2 n}) \quad (3\text{-}25)$$

则 $x_1(n)$ 的频谱：

$$X_1(e^{j\omega}) = \frac{1}{2}[W_R(\omega - \omega_1) + W_R(\omega + \omega_1) + AW_R(\omega - \omega_2) + AW_R(\omega + \omega_2)] \quad (3\text{-}26)$$

$X_1(e^{j\omega})$ 的频谱由正、负两部分组成。同样，由于负频率对正频率主瓣宽度的影响很小，因此在分析频率分辨率时，同样只分析正频率部分。令

$$
\begin{aligned}
&X_2(e^{j\omega}) \\
&= \frac{1}{2}[W_R(\omega - \omega_1) + AW_R(\omega - \omega_2)] \\
&= \frac{1}{2}\left[W(\omega - \omega_1)e^{-j\frac{N-1}{2}(\omega - \omega_1)} + AW(\omega - \omega_2)e^{-j\frac{N-1}{2}(\omega - \omega_2)} \right] \\
&= \frac{1}{2}\left\{ W(\omega - \omega_1)\cos\left[\frac{N-1}{2}(\omega - \omega_1)\right] - jW(\omega - \omega_1)\sin\left[\frac{N-1}{2}(\omega - \omega_1)\right] \right. \\
&\quad \left. + AW(\omega - \omega_2)\cos\left[\frac{N-1}{2}(\omega - \omega_2)\right] - jAW(\omega - \omega_2)\sin\left[\frac{N-1}{2}(\omega - \omega_2)\right] \right\} \quad (3\text{-}27)
\end{aligned}
$$

则

$$
\begin{aligned}
&|2X_2(e^{j\omega})|^2 \\
&= \left\{ W(\omega - \omega_1)\cos\left[\frac{N-1}{2}(\omega - \omega_1)\right] + AW(\omega - \omega_2)\cos\left[\frac{N-1}{2}(\omega - \omega_2)\right] \right\}^2 \\
&\quad + \left\{ W(\omega - \omega_1)\sin\left[\frac{N-1}{2}(\omega - \omega_1)\right] + AW(\omega - \omega_2)\sin\left[\frac{N-1}{2}(\omega - \omega_2)\right] \right\}^2 \\
&= W^2(\omega - \omega_1) + A^2 W^2(\omega - \omega_2) + 2AW(\omega - \omega_1)W(\omega - \omega_2) \\
&\quad \cdot \left\{ \cos\left[\frac{N-1}{2}(\omega - \omega_1)\right]\cos\left[\frac{N-1}{2}(\omega - \omega_2)\right] + \sin\left[\frac{N-1}{2}(\omega - \omega_1)\right]\sin\left[\frac{N-1}{2}(\omega - \omega_2)\right] \right\} \\
&= W^2(\omega - \omega_1) + A^2 W^2(\omega - \omega_2) + 2AW(\omega - \omega_1)W(\omega - \omega_2)\cos\left[\frac{N-1}{2}(\omega_1 - \omega_2)\right]
\end{aligned}
$$

$$(3\text{-}28)$$

由式（3-28）可见，$x_1(n)$ 的频谱不是 $W(\omega - \omega_1)$ 和 $W(\omega - \omega_2)$ 波形的简单叠加，第三项 $2AW(\omega - \omega_1)W(\omega - \omega_2)\cos\left[\dfrac{N-1}{2}(\omega_1 - \omega_2)\right]$ 将对 $x_1(n)$ 的频谱产生影响，如图 3-10 所示。

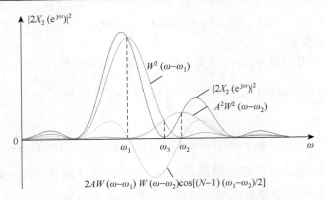

图 3-10　信号幅度对加窗后信号幅度频谱的影响

为了使合成频谱能显示两个峰，令 $W(\omega-\omega_1)$ 和 $AW(\omega-\omega_2)$ 波形的相交处（不妨设为 $\omega=\omega_3$）$|X_2(\mathrm{e}^{\mathrm{j}\omega_3})|=0$。

由于 $W(\omega-\omega_1)=AW(\omega-\omega_2)\big|_{\omega=\omega_3}$，因此

$$|2X_2(\mathrm{e}^{\mathrm{j}\omega_3})|^2 = 2W^2(\omega_3-\omega_1) + 2W^2(\omega_3-\omega_1)\cos\left[\frac{N-1}{2}(\omega_1-\omega_2)\right] \quad (3\text{-}29)$$

显然，当 $\cos\left[\dfrac{N-1}{2}(\omega_1-\omega_2)\right]=-1$ 时，$|X_2(\mathrm{e}^{\mathrm{j}\omega_3})|=0$。由此，可求出在满足频率分辨率 $\Delta\omega$ 的情况下所需的最小采样点数：

$$N = \frac{2\pi}{|\omega_2-\omega_1|} = \frac{2\pi}{\Delta\omega} \quad (3\text{-}30)$$

这个结论与现有信号处理文献中关于频率分辨率的定义相同。由于 $W(\omega)$ 的主瓣宽度为 $4\pi/N$，因此，当 $W(\omega-\omega_1)=W(\omega-\omega_2)\big|_{\omega=(\omega_1+\omega_2)/2}=0$ 时，亦可满足条件。此时解相当于 $N=\dfrac{4\pi}{|\omega_2-\omega_1|}$ 的情况。

由此得出，一般情况下信号幅度对测频分辨率没有影响。因为无论信号幅度为何值，只要 $N=\dfrac{2\pi}{|\omega_2-\omega_1|}$ 均可观察出两个独立的峰。以上分析没有考虑能量较强信号旁瓣对能量较弱信号主瓣的影响。当两个信号能量相差较大时，以上结论将不再成立。通过实验分析，在 $0.3<A<4$ 的前提下，选择 $N=\dfrac{2\pi}{|\omega_2-\omega_1|}$ 即可满足实际要求，但是当 A 超出这个范围时，再选择 $N=\dfrac{2\pi}{|\omega_2-\omega_1|}$ 将不再满足实际要求。

3.1.5　测量矩阵的产生

测量矩阵的选择是压缩感知理论实际应用的关键要素之一，理论证明当测量数目 $M \geqslant CK\log(N/M)$ 时，所有 K 稀疏向量都能从高斯矩阵、伯努利矩阵或傅里叶随机矩阵等随机测量矩阵中高概率稳定恢复。但是，如果在测量中每次都产生一个随机矩阵，并将随机矩阵的值记录下来用于最终的重构计算，在实际应用中会增加系统代价，不利于系统的物理实现。为此，一些数学家提出利用确定型测量矩阵及结构化测量矩阵来替代随机矩阵的思想。部分理论和实验研究结果都表明，结构化测量矩阵是随机测量矩阵的一种有效替代。本书研究了一种沃尔什-哈达玛矩阵，并且仿真结果证明效果与随机矩阵相当。

1. 离散沃尔什-哈达玛变换与沃尔什-哈达玛矩阵

沃尔什变换（Walsh transform）是以沃尔什函数为基本函数的一种非正弦正交变换。1923 年，美国数学家沃尔什提出沃尔什函数。沃尔什函数是定义在区间 $0 \leqslant t < 1$ 的一组完备、正交矩形函数，由于函数只取 +1 和 –1 两个值，与数字逻辑中的两种状态相对应，所以特别适合于数字信号处理。沃尔什变换与离散傅里叶变换相比，由于它只存在实数的加、减运算而没有复数乘法运算，因而运算速度快、存储空间少，便于硬件实现，在实时处理和海量数据操作方面具有明显优势。在通信系统中，由于它的正交性和取值、算法简单等优点，已用于构成正交多路复用系统。沃尔什函数有三种不同的函数定义[73]。

（1）按沃尔什排列的沃尔什函数：

$$W(i,t) = \prod_{k=0}^{p-1} [R(k+1,t)]^{g(i)_k} \qquad (3\text{-}31)$$

式中，$R(k+1,t) = \mathrm{sgn}(\sin 2^{k+1}\pi t)$ 是任意拉德马赫（Rademacher）函数；$g(i)$ 是 i 的格雷码（Gray code），$g(i)_k$ 是格雷码的第 k 位；p 为正整数；$g(i)_k \in \{0,1\}$。

（2）按佩利（Paley）排列的沃尔什函数：

$$W(i,t) = \prod_{k=0}^{p-1} [R(k+1,t)]^{i_k} \qquad (3\text{-}32)$$

式中，i_k 是自然二进制码的第 k 位数，$i_k \in \{0,1\}$。

（3）按哈达玛排列的沃尔什函数：

$$W(i,t) = \prod_{k=0}^{p-1} [R(k+1,t)]^{\langle i_k \rangle} \qquad (3\text{-}33)$$

式中，$\langle i_k \rangle$ 是倒序的二进制码的第 k 位数，$\langle i_k \rangle \in \{0,1\}$。

2^k 阶哈达玛矩阵可以由如下递推公式获得：

$$H_0 = [1], \quad H_1 = \begin{bmatrix} 1 & 1 \\ 1 & -1 \end{bmatrix}$$

$$H_k = \begin{bmatrix} H_{k-1} & H_{k-1} \\ H_{k-1} & -H_{k-1} \end{bmatrix} \quad (3\text{-}34)$$

根据以上递推公式，以 $k=3$，$N = 2^k = 8$ 为例，相应的哈达玛矩阵为

$$H_3 = \begin{bmatrix}
1 & 1 & 1 & 1 & 1 & 1 & 1 & 1 \\
1 & -1 & 1 & -1 & 1 & -1 & 1 & -1 \\
1 & 1 & -1 & -1 & 1 & 1 & -1 & -1 \\
1 & -1 & -1 & 1 & 1 & -1 & -1 & 1 \\
1 & 1 & 1 & 1 & -1 & -1 & -1 & -1 \\
1 & -1 & 1 & -1 & -1 & 1 & -1 & 1 \\
1 & 1 & -1 & -1 & -1 & -1 & 1 & 1 \\
1 & -1 & -1 & 1 & -1 & 1 & 1 & -1
\end{bmatrix}$$

设矩阵 A 是一个 $p \times q$ 矩阵，B 是一个 $r \times s$ 矩阵，$A = [a_{i,j}]_{p \times q}$，$B = [b_{i,j}]_{r \times s}$，矩阵 A 与 B 的克罗内克积（Kronecker product）是一个 $pr \times qs$ 的矩阵，定义为

$$A \otimes B = \begin{bmatrix}
a_{11}B & a_{12}B & \cdots & a_{1q}B \\
a_{21}B & a_{22}B & \cdots & a_{2q}B \\
\vdots & \vdots & & \vdots \\
a_{p1}B & a_{p2}B & \cdots & a_{pq}B
\end{bmatrix} \quad (3\text{-}35)$$

利用克罗内克积，2^k 阶哈达玛矩阵递推公式可以表示为

$$H_k = H_1 \otimes H_{k-1} \quad (3\text{-}36)$$

可见，哈达玛矩阵的优点在于它具有简单的递推关系，即高阶矩阵可以由两个低阶矩阵的克罗内克积求得，因此常采用哈达玛排列定义的沃尔什变换。沃尔什-哈达玛变换（WHT）即用来表示这种形式。

一维离散沃尔什-哈达玛变换定义为

$$\text{WH}(u) = \frac{1}{N} \sum_{n=0}^{N-1} x(n) W(u,n) \quad (3\text{-}37)$$

逆变换定义为

$$x(n) = \sum_{u=0}^{N-1} \text{WH}(u) W(u,n) \quad (3\text{-}38)$$

若用矩阵表示，正变换为

$$\begin{bmatrix} \text{WH}(0) \\ \text{WH}(1) \\ \vdots \\ \text{WH}(N-1) \end{bmatrix} = \frac{1}{N} H_k \begin{bmatrix} x(0) \\ x(1) \\ \vdots \\ x(N-1) \end{bmatrix} \quad (3\text{-}39)$$

逆变换为

$$
\begin{bmatrix}
x(0) \\
x(1) \\
\vdots \\
x(N-1)
\end{bmatrix} = H_k \begin{bmatrix}
\mathrm{WH}(0) \\
\mathrm{WH}(1) \\
\vdots \\
\mathrm{WH}(N-1)
\end{bmatrix}
\tag{3-40}
$$

由哈达玛矩阵的特点可知,沃尔什-哈达玛变换的实质是将离散序列 $x(n)$ 的各项值的符号按一定规律改变后,进行加减运算,因此比采用复数运算的 DFT 运算要简单。

2. 离散沃尔什-哈达玛变换快速算法

类似于 FFT,沃尔什-哈达玛变换也有快速算法(FWHT)。可将输入序列 $x(n)$ 按奇偶进行分组,分别进行沃尔什-哈达玛变换。FWHT 的基本关系为

$$
\begin{cases}
\mathrm{WH}(u) = \dfrac{1}{2}[\mathrm{WH}_e(u) + \mathrm{WH}_o(u)] \\
\mathrm{WH}\left(u + \dfrac{N}{2}\right) = \dfrac{1}{2}[\mathrm{WH}_e(u) - \mathrm{WH}_o(u)]
\end{cases}
\tag{3-41}
$$

式中, $\mathrm{WH}_e(u)$ 和 $\mathrm{WH}_o(u)$ 分别为输入序列 $x(n)$ 中偶序列和奇序列部分的沃尔什-哈达玛变换。

文献[37]也给出了一种离散沃尔什-哈达玛变换快速算法。对任意给定长度为 2^k 的向量 x,令 $x = [x_1^{\mathrm{T}}, x_2^{\mathrm{T}}]^{\mathrm{T}}$,其中 x_1 与 x_2 长度相同,则沃尔什-哈达玛变换为

$$
H_k x = (H_1 \otimes H_{k-1})x = \frac{1}{\sqrt{2}}\begin{bmatrix}
H_{k-1}x_1 + H_{k-1}x_2 \\
H_{k-1}x_1 - H_{k-1}x_2
\end{bmatrix}
\tag{3-42}
$$

沃尔什-哈达玛变换是将函数变换成取值为 +1 和 −1 的基本函数构成的级数,用它来逼近数字脉冲信号时要比 FFT 有利。同时,沃尔什-哈达玛变换只需要进行实数运算,存储量比 FFT 要少,运算速度也快。因此,沃尔什-哈达玛变换在图像传输、通信技术和数据压缩中被广泛使用。

图 3-11 所示为利用沃尔什-哈达玛矩阵作为测量矩阵,信号重构采用 OMP 算法,对测试信号 $x = 0.3\cos(2\pi f_1 t) + 0.2\cos(2\pi f_2 t) + 0.1\sin(2\pi f_3 t) + 0.4\sin(2\pi f_4 t)$ 重构效果示意图。其中,信号频率 f_1=50Hz, f_2=150Hz, f_3=250Hz, f_4=400Hz,采样频率 f_s=800Hz,信号长度 N=128,测量点数 M=32。由图可见,信号高精度重构,重构误差 $< 10^{-11}$%。

图 3-12 所示为分别利用沃尔什-哈达玛矩阵和高斯随机矩阵作为测量矩阵,信号重构采用 OMP 算法,重构误差随测量点数 M 变化关系, M 取值范围为 8~32。由图可见,两种测量矩阵重构信号效果相当,说明沃尔什-哈达玛矩阵可以充当压缩感知的测量矩阵,实现对随机测量矩阵的有效替代。

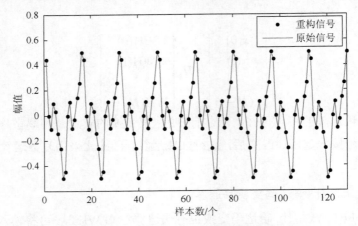

图 3-11　沃尔什-哈达玛矩阵作为测量矩阵信号重构误差

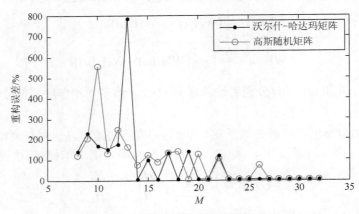

图 3-12　两种测量矩阵重构误差比较

3.1.6　瓦斯数据重构

1. 算法原理

瓦斯数据的重构算法是瓦斯数据流压缩感知的核心，在瓦斯信号是 K 稀疏的并且测量矩阵满足一定条件下，理论证明，信号 x 可以由测量值 y 通过求解 l_0 范数问题精确重构：

$$\hat{x} = \arg\min \| x \|_0$$
$$\text{s.t.}\quad \Phi x = y$$

（3-43）

但 Donoho 指出，最小 l_0 范数问题是一个 NP-hard 问题，因为需要穷举 x 中非零值的所有 C_N^K 种排列可能，因此，研究人员提出了一系列求次最优解算法，全变分（TV）法就是其中的一种。考虑瓦斯信号在通常情况是缓变信号，只是在瓦斯

突出时有偶尔的快速变化，也就意味着通常情况满足 $x_i \approx x_{i+1}$。因此，定义

$$\| Dx \|_1 = \sum_{i=1}^{N-1} | D_i x | = \sum_{i=1}^{N-1} | x_{i+1} - x_i | \tag{3-44}$$

为 $x \in \mathbf{R}^N$ 的总变差。其中，$D \in \mathbf{R}^{(N-1) \times N}$ 为双对角矩阵，D_i 为双对角矩阵 D 第 i 行元素。

$$D = \begin{bmatrix} -1 & 1 & 0 & \cdots & 0 & 0 & 0 \\ 0 & -1 & 1 & \cdots & 0 & 0 & 0 \\ \vdots & \vdots & \vdots & & \vdots & \vdots & \vdots \\ 0 & 0 & 0 & \cdots & -1 & 1 & 0 \\ 0 & 0 & 0 & \cdots & 0 & -1 & 1 \end{bmatrix}$$

总变差函数对快速变化的 x 给予大的值。这样，重构问题转化为

$$\begin{aligned} &\min_x \| Dx \|_1 \\ &\text{s.t.} \quad \Phi x = y \end{aligned} \tag{3-45}$$

为了求解这个最小值，可以引入增广拉格朗日函数：

$$L(x, \lambda, \mu) = \| Dx \|_1 - \lambda^{\mathrm{T}} (\Phi x - y) + \frac{\mu}{2} (\Phi x - y)^{\mathrm{T}} (\Phi x - y) \tag{3-46}$$

可采用迭代算法求解满足式（3-46）的 x，迭代时，待定参数 λ 和 μ 可按式（3-47）和式（3-48）选取，式中参数上标 k 表示第 k 次迭代值：

$$\lambda^{k+1} = \lambda^k - \mu^k (\Phi x^{k+1} - y) \tag{3-47}$$

$$\mu^{k+1} \geqslant \mu^k \tag{3-48}$$

增广拉格朗日函数与标准拉格朗日函数的区别是增加了一个描述噪声性能的二次惩罚函数。

文献[41]提出了一种 TVAL3 算法，它考虑了重构问题的一种变体形式：

$$\begin{aligned} &\min_{x, w} \| w \|_1 \\ &\text{s.t.} \quad \Phi x = y, \quad Dx = w \end{aligned} \tag{3-49}$$

相应的增广拉格朗日函数为

$$L(w_i, x) = \sum_i \left(\| w_i \|_1 - v_i^{\mathrm{T}} (D_i x - w_i) + \frac{\beta_i}{2} \| D_i x - w_i \|_2^2 \right) - \lambda^{\mathrm{T}} (\Phi x - y) + \frac{\mu}{2} \| \Phi x - y) \|_2^2 \tag{3-50}$$

参数 v_i 的求解方法与式（3-47）类似，即

$$v_i^{k+1} = v_i^k - \beta_i^k (D_i x^{k+1} - w_i^{k+1}) \tag{3-51}$$

为了求解满足式（3-50）最小的变量 w_i 和 x 的取值，可以在迭代求解中采用变量交替最小化方法。

假设 $w_{i,k}$ 和 x_k 分别表示在第 k 次迭代运算中满足式（3-50）的近似最优解，

并且对所有的 $j=0,1,\cdots,k$ ， $w_{i,j}$ 和 x_j 都已知，这样 $w_{i,k+1}$ 可以由式（3-52）求得

$$\min_{w_i} L(w_i, x_k) = \sum_i \left(\| w_i \|_1 - v_i^{\mathrm{T}}(D_i x_k - w_i) + \frac{\beta_i}{2} \| D_i x_k - w_i \|_2^2 \right)$$
$$- \lambda^{\mathrm{T}}(\varPhi x_k - y) + \frac{\mu}{2} \| \varPhi x_k - y \|_2^2 \tag{3-52}$$

在保留 x_k 不变的情况下，式（3-52）的求解可以简化为求式（3-53）的解：

$$\min_{w_i} \sum_i \left(\| w_i \|_1 - v_i^{\mathrm{T}}(D_i x_k - w_i) + \frac{\beta_i}{2} \| D_i x_k - w_i \|_2^2 \right) \tag{3-53}$$

为求解式（3-53），先引出两个引理。

引理 3.1　设 $x \in \mathbf{R}^P$ ，则函数 $f(x) = \| x \|_1$ 的偏导数为

$$(\partial f(x))_i = \begin{cases} \mathrm{sgn}(x_i), & x_i \neq 0 \\ \{ a \mid | a | < 1, a \in \mathbf{R} \}, & \text{其他} \end{cases}$$

引理 3.2　设 $\beta > 0$ ， $v, y \in \mathbf{R}^Q$ ，满足 $\min_x \left(\| x \|_1 - v^{\mathrm{T}}(y-x) + \frac{\beta}{2} \| y-x \|_2^2 \right)$ 的解为

$$x^* = \max \left\{ | y - \frac{v}{\beta} | - \frac{1}{\beta}, 0 \right\} \mathrm{sgn} \left(y - \frac{v}{\beta} \right) \tag{3-54}$$

根据引理 3.2，式（3-53）的最优解为

$$w_{i,k+1} = \max \left\{ | D_i x_k - \frac{v_i}{\beta_i} | - \frac{1}{\beta_i}, 0 \right\} \mathrm{sgn} \left(D_i x_k - \frac{v_i}{\beta_i} \right) \tag{3-55}$$

在求出 $w_{i,k+1}$ 后， x_{k+1} 可通过求解：

$$\min_x L(w_{i,k+1}, x) = \sum_i \left(\| w_{i,k+1} \|_1 - v_i^{\mathrm{T}}(D_i x - w_{i,k+1}) + \frac{\beta_i}{2} \| D_i x - w_{i,k+1} \|_2^2 \right)$$
$$- \lambda^{\mathrm{T}}(\varPhi x - y) + \frac{\mu}{2} \| \varPhi x - y \|_2^2 \tag{3-56}$$

得到。在保留 $w_{i,k+1}$ 不变的情况下，式（3-56）的求解可以简化为求式（3-57）的解：

$$\min_x \Gamma_k(x) = \sum_i \left(-v_i^{\mathrm{T}} D_i x + \frac{\beta_i}{2} \| D_i x - w_{i,k+1} \|_2^2 \right) - \lambda^{\mathrm{T}} \varPhi x + \frac{\mu}{2} \| \varPhi x - y \|_2^2 \tag{3-57}$$

式（3-57）的梯度为

$$d_k(x) = \sum_i (\beta_i D_i^{\mathrm{T}}(D_i x - w_{i,k+1}) - D_i^{\mathrm{T}} v_i) + \mu \varPhi^{\mathrm{T}}(\varPhi x - y) - \varPhi^{\mathrm{T}} \lambda \tag{3-58}$$

令 $d_k(x) = 0$ ，即得到满足 $\min_x \Gamma_k(x)$ 最小的值 x_{k+1}^*

$$x_{k+1}^* = \left(\sum_i \beta_i D_i^{\mathrm{T}} D_i + \mu \varPhi^{\mathrm{T}} \varPhi \right)^+ \left(\sum_i (D_i^{\mathrm{T}} v_i + \beta_i D_i^{\mathrm{T}} w_{i,k+1}) + \varPhi^{\mathrm{T}} \lambda + \mu \varPhi^{\mathrm{T}} y \right) \tag{3-59}$$

式中， $\left(\sum_i \beta_i D_i^{\mathrm{T}} D_i + \mu \varPhi^{\mathrm{T}} \varPhi \right)^+$ 为矩阵 $\sum_i \beta_i D_i^{\mathrm{T}} D_i + \mu \varPhi^{\mathrm{T}} \varPhi$ 的 Moore-Penrose 伪逆。

直接计算式（3-59）由于涉及矩阵伪逆计算，运算量巨大，实际求解时可以引入最陡下降思想进行近似，令

$$x_{k+1} = x_k - \alpha_k d_k \tag{3-60}$$

式中，d_k 为 x_k 处的梯度，记为 $d_k(x_k)$，其值由式（3-58）求解；α_k 由式（3-61）或式（3-62）估算：

$$\alpha_k = \frac{s_k^T s_k}{s_k^T z_k} \tag{3-61}$$

$$\alpha_k = \frac{s_k^T z_k}{z_k^T z_k} \tag{3-62}$$

式中，$s_k = x_k - x_{k-1}$；$z_k = d_k(x_k) - d_k(x_{k-1})$。

至此，本书得到了利用 TVAL3 算法实现数据重构的步骤，如表 3-2 所示。

表 3-2　TVAL3 算法步骤

TVAL3 算法
Step1：参数初始化：允许误差 tol，v_i^0，β_i^0，λ^0，μ^0，w_i^0，x^0
While $\| x^{k+1} - x^k \| >$ tol Do
Step2：赋值 $w_{i,0}^{k+1} = w^k$，$x_{i,0}^{k+1} = x^k$，计算满足增广拉格朗日函数最小的 w_i^{k+1} 和 x^{k+1}
Step3：更新 v_i^{k+1} 和 λ^{k+1}
Step4：选择新的惩罚参数，$\beta_i^{k+1} \geqslant \beta_i^k$ 和 $\mu^{k+1} = \mu^k$
End Do

2. 仿真测试

下面主要测试 TVAL3 算法重构精度与信号压缩比之间的关系，同时测试 TVAL3 算法对不同类型瓦斯信号的重建效果，以及不同信号重构算法对瓦斯信号的重建效果与运算复杂度比较。

1）TVAL3 算法对不同瓦斯信号重建效果与运算复杂度

图 3-13 所示为瓦斯突出状态不同测量点数 M 对重构效果的影响。M 变化范围为 $0.1N \sim N$。信号重构采用 TVAL3 算法，总变差选择 1 范数定义的总变差，初始参数设置如下。

第一惩罚因子：$\mu^0 = 2^8$。

第二惩罚因子：$\beta^0 = 2^5$。

算法停止误差：tol $= 10^{-6}$。

最大迭代次数：300。

由图 3-13 可见，在测量点数 $M \geqslant 0.3N$ 时，TVAL3 算法都能较好地重构瓦斯信号，在同一条瓦斯测量曲线中，无论瓦斯突出状态还是瓦斯平稳状态，重构信

号都能很好地反映原始信号变化情况,尤其是对原始信号中突变部分的跟踪能力,说明 TVAL3 算法针对信号的不同特点具有较好的重构效果。

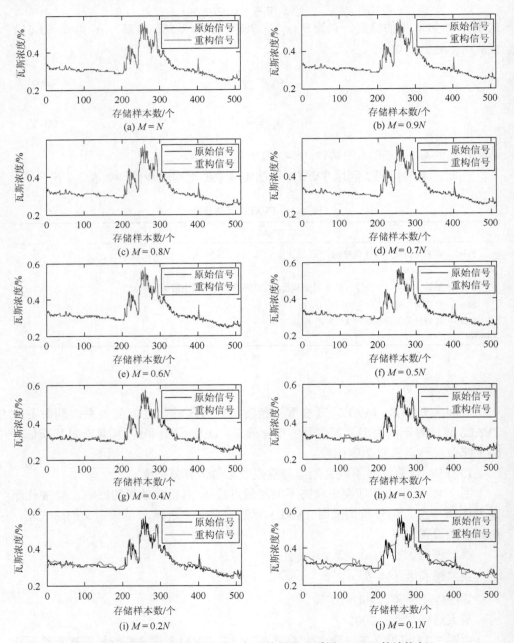

图 3-13   瓦斯突出信号压缩感知与重构误差(采用 TVAL3 算法恢复)

　　表 3-3 所示为瓦斯突出状态测量数据采用 TVAL3 算法重构时,不同测量点数 M 与重构误差、算法迭代次数即运算复杂度之间的关系。由表可见,当压缩比≥0.3 时,重构误差<4%,迭代次数<100,说明 TVAL3 算法具有较小的运算复杂度,便于工程实际中的应用。

表 3-3　瓦斯突出信号测量点数 M 与重构误差、运算复杂度的关系

M	51	102	154	205	256	307	358	410	461	512
迭代次数	158	115	98	88	74	77	79	72	66	63
重构误差/%	6.74	4.98	3.66	2.39	1.94	1.35	1.12	0.99	0.73	0.63

　　图 3-14 所示为采用 TVAL3 算法进行瓦斯突出信号数据重构时绝对误差与测量点数之间的关系。根据瓦斯传感器允许误差规定:甲烷浓度在 0~1.0% 时,误差小于 ±0.1%;甲烷浓度为 1.0%~2.0% 时,误差小于 ±0.2%;甲烷浓度为 2.0%~4.0% 时,误差小于 ±0.3%。由图 3-14 可见,无论测量点数 M 为多少,瓦斯重构绝对误差小于 ±0.1%,满足瓦斯传感器允许误差的规定。

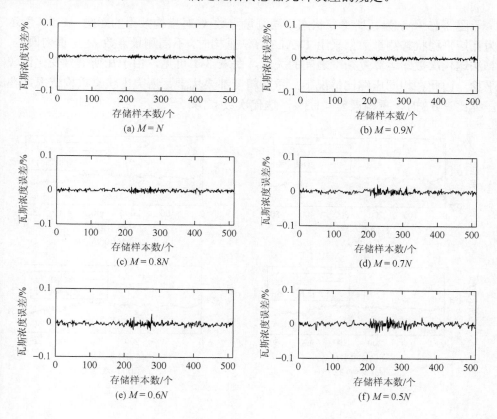

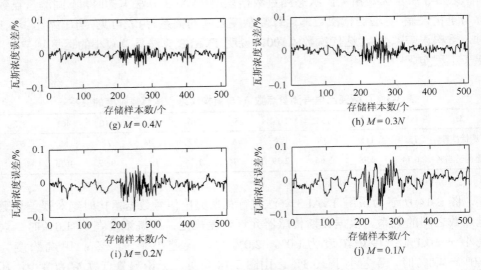

图 3-14　瓦斯突出信号压缩感知重构绝对误差（采用 TVAL3 算法恢复）

图 3-15 所示为瓦斯平稳状态不同测量点数 M 对重构效果的影响。表 3-4 所示为瓦斯平稳状态测量数据采用 TVAL3 算法重构时，不同测量点数 M 与重构误差、算法迭代次数即运算复杂度之间的关系。由表 3-4 可见，由于瓦斯信号变化比较平稳，因此在相同压缩比情况下，重构精度都要优于瓦斯突出状态重构情况。在压缩比≥0.3 时，重构误差<1.3%，迭代次数<100。

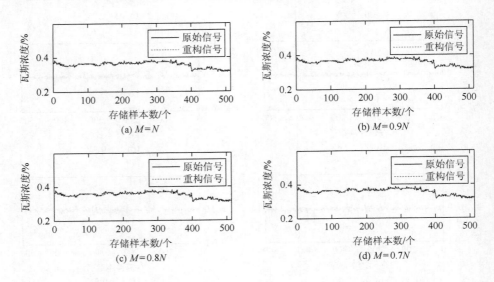

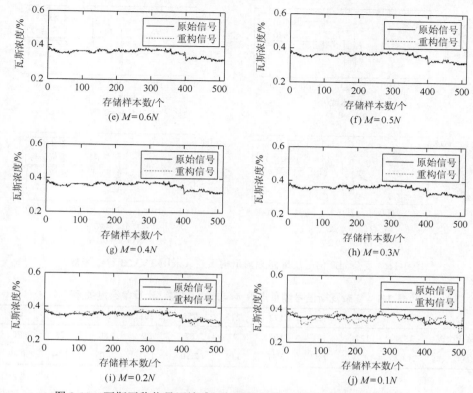

图 3-15　瓦斯平稳信号压缩感知与重构误差（采用 TVAL3 算法恢复）

表 3-4　瓦斯平稳状态测量点数 M 与重构误差、运算复杂度关系

M	51	102	154	205	256	307	358	410	461	512
迭代次数	174	102	99	77	68	65	59	52	51	47
重构误差/%	6.61	3.03	1.28	0.99	0.90	0.76	0.76	0.69	0.59	0.60

图 3-16 所示为某复杂瓦斯信号不同测量点数 M 对重构效果的影响。表 3-5 所示为其采用 TVAL3 算法重构时，测量点数 M 与重构误差、算法迭代次数之间关系。由表 3-5 可见，由于瓦斯信号变化剧烈，在相同压缩比的情况下，重构精度都要低于瓦斯突出状态重构情况。当压缩比 ≥ 0.5 时，重构误差＜4%，迭代次数＜100。

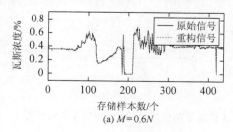

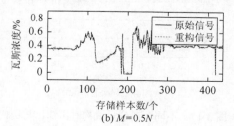

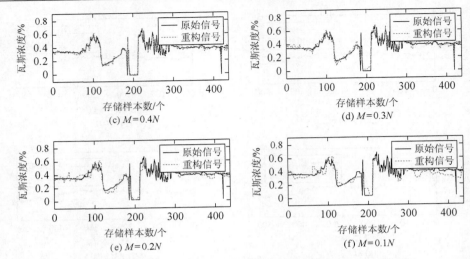

图 3-16　复杂瓦斯信号压缩感知与重构误差（采用 TVAL3 算法恢复）

表 3-5　复杂瓦斯信号测量点数 M 与重构误差、运算复杂度关系

M	43	86	129	172	215	258	301	354	397	430
迭代次数	157	127	121	107	97	87	79	80	78	70
重构误差/%	21.02	14.27	7.87	5.37	3.06	2.50	1.71	1.09	1.04	0.89

图 3-17 所示为瓦斯突出信号、瓦斯平稳信号和复杂瓦斯信号等三类信号采用 TVAL3 算法重构时迭代次数和重构误差与压缩比之间的关系曲线。由图可见，一般来说，采用同一种算法重构时，瓦斯平稳信号的迭代次数和重构误差最小，复杂瓦斯信号的迭代次数和重构误差最高，而瓦斯突出信号的迭代次数和重构误差居中。

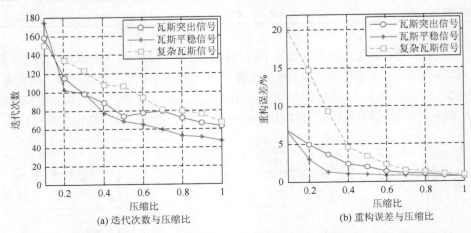

图 3-17　不同瓦斯信号重构时压缩比与迭代次数或重构误差（采用 TVAL3 算法恢复）

以上仿真测试实验说明,TVAL3 算法具有较好的信号普适性,在一定压缩比的情况下,对瓦斯突出信号、瓦斯平稳信号和复杂瓦斯信号等三类典型信号的重构效果均符合期望值,重构精度能够达到矿山对瓦斯传感器允许误差的要求,且运算复杂度比较低,说明该算法可以用于矿山瓦斯信号的压缩采样。

2)不同稀疏度瓦斯信号采用 TVAL3 算法重构时重构误差与压缩比

图 3-18 所示为不同稀疏度瓦斯信号采用 TVAL3 算法重构时重构误差与压缩比之间的关系。其中,信号长度 N=512。由图可见,对于 K 稀疏信号,一般来说 K 越大,重构误差越高。

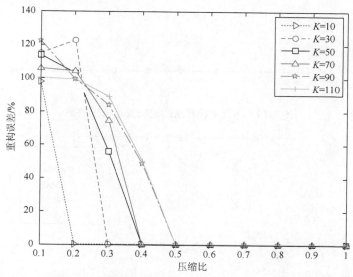

图 3-18 不同稀疏度瓦斯信号重构误差与压缩比(采用 TVAL3 算法恢复)

3)同一稀疏瓦斯信号采用不同重构算法时重构性能与压缩比

图 3-19 和图 3-20 分别所示为同一稀疏瓦斯信号采用不同重构算法时重构误差与压缩比,以及 CPU 运行时间与压缩比之间的关系。所选择的五种重构算法为 L1 正则化最小二乘(L1-ls)、梯度投影稀疏重构-BB(GPSR-BB)、TVAL3、BP 和 OMP。其中,测试环境如表 3-6 所示。

表 3-6 测试环境

处理器	内存	硬盘	操作系统	仿真工具
Intel Core 2 Duo CPU,E7500,2.93GHz	2.0GB	500GB	Windows 7	MATLAB R2010a

其中,瓦斯信号为稀疏度 K=50 的随机信号,信号长度 N=512,程序运行 100 次,运行结果取平均值。

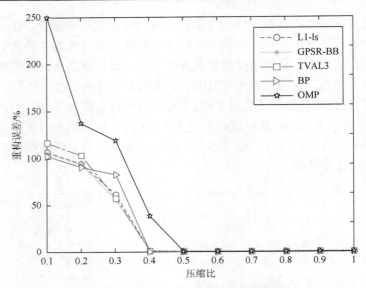

图 3-19　不同重构算法的重构误差与压缩比

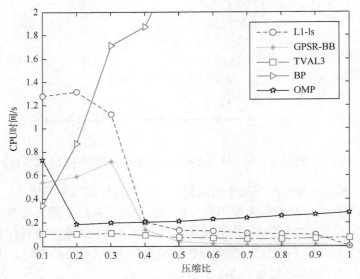

图 3-20　不同重构算法的 CPU 运行时间与压缩比

　　由图 3-19 和图 3-20 可见,在五种算法的对比中,TVAL3 算法都具有较优的性能,尤其在 CPU 运行时间测试方面,TVAL3 算法性能平稳,说明算法具有良好的特性。

3.2　动态自组织数据传输技术

　　利用压缩感知理论采集移动瓦斯检测仪瓦斯数据时,当多个移动瓦斯检测仪从一个无线接入点向另一个无线接入点移动时，由于矿灯能量受限，采用多跳通信方式，而测量矩阵的构成依赖于多跳传输时所选择的路由技术，所以路由技术是瓦斯流压缩感知实际使用时必须要涉及的内容。由于每次要随机选择 M 条不同链路传输数据，而不同路由策略形成了不同测量矩阵，从而产生不同重构效果，因此本节研究适合煤矿分布式移动瓦斯流压缩传感的路由技术。

3.2.1　多权值动态自组织路由技术

井下环境复杂、干扰严重，不同应用场合对瓦斯监测的质量要求也不同，例如，工作面或瓦斯突出场合，对数据的传输时延等有一定特殊限制。如何在一定约束条件下保证数据传送的服务质量，从而适应不同工作场景，是瓦斯数据流在井下传输中需要解决的一个问题。服务质量所涉及的内容很多，包括时延、数据传输率、误码率、跳数、带宽等，这些参数通常相互独立，常常是在减少一个值的同时，另一个值却增大了，所以很难将这些参数统一起来考虑，这大大增加了问题的难度。如何能折中考虑各种参数的影响，并快速准确地找到其最优解，是人们研究的热点问题之一。

人工神经网络（artificial neural network，ANN）是由若干简单处理单元（也称神经元）按照不同方式相互连接而构成的非线性动力系统，是对人脑或自然神经若干基本特性的抽象和模拟，具有高度的并行性和高速的信息处理能力，如图 3-21 所示[74, 75]。在现代高技术的发展过程中，神经网络理论应用得越来越广泛。

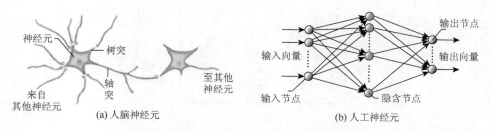

图 3-21　人脑神经元和人工神经元结构示意图

同一无线接入点覆盖内的移动瓦斯检测仪之间构成了一种能互相通信的传感节点，实际上就是一种无线传感网络，其中移动瓦斯检测仪相当于传感和路由节点，兼有传感和路由功能，固定瓦斯检测仪或无线接入点相当于 Sink 节点。由于移动瓦斯检测仪的行走，传感器节点在这样一种网络中是动态、非线性的。而神经网络也是由相互间连接的动态节点组成的，只不过瓦斯监测网络中的基本单元是固定和移动瓦斯检测仪，神经网络的基本单元是神经元，但这两种网络都可以实现自组织，因此可以使用神经网络理论来研究由瓦斯检测仪构成的无线传感网络，这样神经网络中的一些智能特性就可以应用到传感网络中，从而可以改善传感网络的性能。

文献[76]提出利用递归神经网络进行传感节点故障诊断。文献[77]引入自组织特征映射神经网络来测量服务质量（QoS），并将其应用在路由技术中，实现时延、吞吐量、误码率和占空比四个参数至 QoS 映射。但对于井下工作环境，由于无线通信的低效使用，无线带宽资源丰富，吞吐量和占空比不足以作为限定条件，同时，对于移动瓦斯检测仪，解决数据传输的时延和误码率，保障非正常环境下数据的高效和可靠传输更有意义。因此本书对 QoS 约束条件限定为时延和误码率这两个条件，网络学习按照 Kohonen 算法进行。同时为了突出路由能适应不同参数比重的聚类结果，对自组织特征映射（SOM）网络执行阶段输入信号给出了加权算法，提出了基于多权值调整的动态自组织路由技术。

1. 网络带权图与最小路径树

对于一个由 N 个移动瓦斯检测仪构成的无线传感器网络，网络中每个移动瓦斯检测仪有若干条链路同其他节点相连，网络可以用图的方式描述为 $G(V, E)$。其中，$V=\{v_1, v_2, \cdots, v_N\}$ 是网络节点集，它对应于图的每一个顶点；$E=\{w_{ij}\}$ 是网络链路的集合，每条链路对应一条弧 (v_i, v_j)，w_{ij} 为该弧的权值或距离[78]，如图 3-22 所示。在无线传感器网络里，假定所有链路均是对称的，也就是说如果节点 A 可以到达节点 B，那么节点 B 也可以到达节点 A，那么很容易证明 $w_{ij}=w_{ji}$。

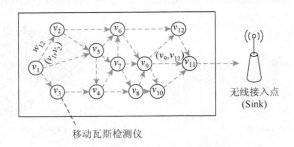

图 3-22 移动瓦斯检测仪网络带权图

通信中的路由问题可以看成网络优化中的最短路径问题，是在已知网络 $G(V, E)$ 中，根据给定的约束条件，寻求一条从汇聚节点（用 r 表示）到网络中每一节点 v_i 的最优路径。定义 $d(v_i)$ 为节点 v_i 到汇聚节点的距离，$\Gamma(v_i)$ 为节点 v_i 单跳可到达的邻域节点集合，$T=V-\{r\}$ 为集合 V 的一个子集。在最优路径上，$d(v_i)$ 应该为最小。

根据以上定义，可以利用下述算法计算出每一个节点到汇聚节点的距离。设 W 是描述节点间距离的二维数组，数组中元素 w_{ij} 表示节点 i 与节点 j 之间距离，当两个节点间距离超过通信范围时，w_{ij} 是一个极大数。数组 D 记录每个节点对应的 $d(v_i)$，初始值为 0，当节点与汇聚节点的距离超过通信范围时，$d(v_i)$ 是一个极大数。

（1）节点距离初始化。当两个节点距离超过通信范围时，距离 d 是一个极大数，这里设为 ∞。

令 $d(r) = 0$

$$d(v_i) = \begin{cases} w_{ri}, & v_i \in \Gamma(r) \\ \infty, & v_i \notin \Gamma(r) \end{cases}$$

（2）在集合 T 中，寻找到汇聚节点距离最小节点 v_j，即

$$d(v_j) = \min\{d(v_i) \mid v_i \in T\}$$

然后更新集合 T 中元素组成，令 $T = T - \{v_j\}$。

（3）对任意 $v_i \in T \bigcap \Gamma(v_j)$，计算 $d_i = d(v_j) + w_{ji}$，如图 3-23 所示。如果 $d_i < d(v_i)$，那么 $d(v_i) = d_i$。

（4）如果 $|T| > 0$，重复步骤（2），否则 $|T| = 0$，算法结束。

以上算法实现中，第一步每一个节点被初始化一个该节点到达基站的初始距离，在接下来步骤中，这个距离根据邻居节点值进行更新。当没有新节点被更新时，算法结束。

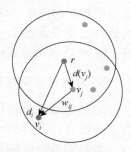

通过以上算法可以计算出每一个节点到汇聚节点的最小距离，这样就会形成汇聚节点到事件区域中每一节点的完整路由路径，而且能保证每一条路径均是距离最短最优路径。但这样的路径只是距离意义上的最优，并没有考虑其他因素（如 QoS）的影响，因此需要把

图 3-23　最小路径树构造

QoS 这一指标融入最优路径求解中。最简单的方法就是找出 QoS 和节点间距离的关系。

2. QoS 与节点距离

按照上述方法建立网络拓扑结构时，需要先知道任意两节点 v_i、v_j 间的权值 w_{ij}，因此必须给出 w_{ij} 的测量方法。为了简化问题求解，可以假定 w_{ij} 为节点 v_i、v_j 间的跳数。根据这个假设，若节点 v_i 和 v_j 为相邻节点，则 $w_{ij}=1$。显然，这种定义方式太过简单，尤其当移动瓦斯检测仪处于井下工作面时，强大环境背景噪声的影响不可忽略，这会导致链路的失效，以及节点能耗的增加和通信可信度的降低。在这种情况下，从节点 v_j 到汇聚节点 r 的最优路径就可能是一条新的路径 p'，而不是原来的 p。因此，可通过修改 w_{ij} 来解决这个问题。

本书选用的 QoS 定义依照两个参数：时延和丢包率。选择这两个参数来定义

QoS 主要是基于以下两点考虑：一是时延可以反映出链路的带宽和节点的通信能力；二是丢包率可以反映环境干扰的影响。由于移动瓦斯检测仪的分布特性，QoS 的测量要能反映整个簇内网络的特性，而不是仅仅反映某两点之间的通信质量。因此，任一节点都要测试每一条邻居链路的质量。测量方法是发送特殊数据包 ping。一旦一个节点测量出了邻居链路的 QoS，就可以利用获得的这个 QoS 值来修改链路之间的距离。式（3-63）表明了通过节点 v_j 计算节点 v_i 到基站 r 的距离的方法：

$$d(v_i) = d(v_j) + w_{ij}q \qquad (3\text{-}63)$$

式中，变量 q 表示节点 v_j 到节点 v_i 之间的 QoS，其值来源于一个神经网络的输出。

由于 $w_{ij}=1$，因此

$$d(v_i) = d(v_j) + q \qquad (3\text{-}64)$$

这里的 q 相当于一种广义的权向量。式（3-64）建立了 QoS 与节点距离之间的关系，当数据从源节点选择最小路径路由到汇聚节点时，实际上就是选择了 q 最小所对应的路由，这里的 q 最小路由实际上就是最佳 QoS 路由。因此在 q 函数的选择上要保证它是一个增函数，使得较小的输入量对应较小的 q 输出。由于避开了较差 QoS 的路径，从而保证了瓦斯监测数据的有效和可靠传输。

3. 自组织特征映射与 QoS

定义 QoS 是时延和丢包率的函数，但显然它们之间不是一个简单的代数关系，为了找出它们之间的对应关系，可以借助自组织神经网络。

自组织神经网络是一种基于无监督学习的人工神经网络，其功能是将输入向量赋值空间划分为若干子空间，每个子空间对应于网络若干输出中的某一个。当输入向量属于某个子空间时，相应输出端的取值为 1，而其他输出端的取值为 0，这样，根据网络的输出，便能立即判断输入向量属于哪一个子空间。现在研究得比较充分且得到广泛应用的自组织神经网络是 SOM。

SOM 由芬兰科学家 Kohonen 提出，这种网络的出发点是模仿动物和人类大脑皮层中具有自组织特性的神经信号传送过程。随着研究工作的进展，原来十分复杂的仿生学习算法逐渐变得简明精练，同时对于学习算法的各种策略和参数选择也有更加透彻理解。SOM 作为一种自组织神经网络，其主要功能是实现数据压缩、编码和聚类。SOM 网络结构如图 3-24 所示，它由两层神经元组成。第一层为输入层，由 m 个神经元组成，作为传感器感知信息的输入端，这里输入的是描述传感器邻居链路间 QoS 优劣的时延和丢包率两个指标，分别用变量 x_1^p 和 x_2^p 表示，其中指数 p 表示第 p 次测量值，$p=1,2,\cdots,P$。第二层为竞争层，由 n 个输出神经元组成，且形成一个二维平面阵列。输入层神经元与竞争层神经元之间由突触连接束实现全连接。每一个竞争层神经元(j)通过一个连接权向量$w_j = [w_{j1}, w_{j2}, \cdots, w_{jm}]$与输入层神经元相连[75]。

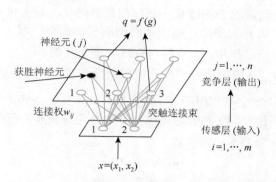

图 3-24　SOM 结构

SOM 的运行过程可以分为两个阶段：训练阶段和执行阶段。由于训练阶段需要很高的计算开销，因此这个过程不适合在移动瓦斯检测仪上运行，而必须在一个单独的中央处理单元上进行，称为离线处理。相反地，执行阶段不需要高的计算开销，因此这个阶段可以在每个移动瓦斯检测仪上在线运行。正是因为 SOM 网络的这个特点，可以把 SOM 神经网络应用到移动瓦斯流传输的路由设计中。

1）训练阶段

在训练阶段，首先对网络进行初始化。连接权$\{w_{ij}\}$赋予[0，1]区间内的随机值，并确定学习率$\eta(t)$的初始值$\eta(0)$（$0 < \eta(0) < 1$）和总学习次数 T。然后，来自竞争层的神经元通过对输入模式$x = (x_1, x_2, \cdots, x_m)$的反复学习，捕捉住各个输入模式中所含的模式特征。对于某一个输入向量，最终只有一个神经元被激活。为了确定哪一个神经元将被激活，输入向量将和存储在每一个神经元上的连接权向量进行比较，计算连接权向量w_j与输入模式$x = (x_1, x_2, \cdots, x_m)$之间的距离，即计算 Euclid 距离：

$$d_j = \| x - w_j \|_2, \quad j = 1, 2, \cdots, n \tag{3-65}$$

只有连接权最接近输入向量，即d_j最小对应神经元获胜，设获胜神经元为g，其权向量为w_j^*，即

$$\| x - w_j^* \|_2 = \min_j \{ \| x - w_j \|_2 \} \tag{3-66}$$

对于归一化的单位向量x和w_j，将式（3-66）展开，并利用单位向量的特点，可得

$$\| x - w_j^* \|_2 = \sqrt{(x - w_j^*)^T (x - w_j^*)} = \sqrt{x^T x - 2 w_j^{*T} x + w_j^{*T} w_j^*} = \sqrt{2(1 - w_j^{*T} x)} \tag{3-67}$$

由式（3-67）可见，要想使两单位向量的 Euclid 距离最小，则需使两向量的

内积最大，即

$$w_j^{\mathrm{T}*} x = \max_j w_j^{\mathrm{T}} x \qquad (3\text{-}68)$$

于是，归一化向量的 Euclid 最小距离问题就转化为最大内积问题[74]。

以获胜的神经元 g 为中心，确定 t 时刻的权值调整邻域 $N_{j*}(t)$。一般初始邻域 $N_{j*}(0)$ 较大，训练过程中 $N_{j*}(t)$ 随训练时间逐渐收缩。

对优胜邻域 $N_{j*}(t)$ 内的所有节点连接权向量按式（3-69）进行更新：

$$w_{ij}(t+1) = w_{ij}(t) + \eta(t,N)[x_i^p - w_{ij}(t)], \quad i=1,2,\cdots,m; \ j \in N_{j*}(t) \qquad (3\text{-}69)$$

式中，$\eta(t,N)$ 是训练时间 t 和邻域内第 j 个神经元与获胜神经元 g 之间的拓扑距离 N 的函数，称为学习率，可选择

$$\eta(t,N) = \eta(t)\mathrm{e}^{-N} \qquad (3\text{-}70)$$

式中，$\eta(t)$ 为 t 的单调下降函数，称为退火函数。

等到 P 个输入模式全部学习一遍后，更新学习率 $\eta(t) = \eta(0)\left(1 - \dfrac{t}{T}\right)$，并令 $t = t+1$ 开始新一轮的学习，这个过程直至 $t = T$ 停止。这种学习被称为竞争学习。

2）执行阶段

在执行阶段，连接权向量固定不变。来自竞争层的每个神经元（i）根据已定义的相似度准则，计算输入向量 $x = (x_1, x_2, \cdots, x_m)$ 和自己的连接权向量 w_j 之间的相似度。最后，一个最相似神经元 g 获胜，此时神经元 g 有最大激活值 1，而其他神经元被抑制而取 0 值。

为了突出输入参量中某个参数的作用，可采用加权的输入向量，即

$$x = (p_1 x_1, p_2 x_2, \cdots, p_m x_m) \qquad (3\text{-}71)$$

式中，$p_1, p_2, \cdots, p_m$ 为加权系数。在瓦斯数据流传输过程中，若瓦斯超限（＞4%）则优先选用时延最小路径传输数据。为此，在采集下一个瓦斯数据的间隔期间，路由动态切换为最小时延路由，即将 x 向时延小的低 q 值神经元映射。

3）QoS 定义

神经元 g 表示了对输入模式分类结果，可根据数据分类结果将 x 中某一项参数较少的输入向量对应 q 较小值，其余部分 q 值依次增加。

$$q = f(g) \qquad (3\text{-}72)$$

4. 动态自组织路由算法

SOM 网络实现了数据的保序映射，通过寻找一个较小的集合存储输入向量的一个大集合，实现了对原始空间较好的近似。基于 SOM 神经网络的瓦斯数据流传输的多参数动态自组织路由算法（简称为 QoS 路由）实现了多参数向 QoS 的汇聚，并将汇聚结果应用到路径树的构建当中，实现了信息按照 QoS 最优路径从源

节点向汇聚节点传输。算法主要步骤如下。

（1）信息收集，产生节点训练样本。

对于矿井不同工作区域，如大巷、工作面、硐室，在任意两个节点处于不同通信距离和噪声功率下，采集描述服务质量的数据样本集作为 SOM 神经网络的训练样本。

（2）初始化。

构建一个两层 SOM 神经网络，对初始权向量 w_j 赋值小随机数并进行归一化处理，并要求 w_j 各不相同，建立初始优胜邻域 $N_{j*}(0)$，学习率 $\eta(t)$ 赋初始值。

（3）节点训练与相似性匹配。

以一定概率从输入样本空间取样本 x^p 并进行归一化处理，离线对所获得的节点训练样本在单独处理器上进行训练，计算 x^p 与 w_j 的内积，从中选出内积最大的获胜节点 j^*。以 j^* 为中心确定 t 时刻的权值调整域，对优胜邻域 $N_{j*}(t)$ 内的所有节点调整权值，直至学习率 $\eta(t)$ 衰减到 0 或某个预定的正小数。训练次数要以能正确区分样本集为准。然后，根据训练结果确定 QoS 与获胜神经元的对应关系 $q = f(g)$。最后，将获得的 SOM 权向量矩阵和所定义的服务质量函数存入每一个移动瓦斯检测仪中。

（4）节点链路 QoS 估计。

每一个移动瓦斯检测仪在每一个测量周期内周期性发送 ping 数据包来测试邻居链路间链路质量，从而得到关于描述链路质量时延和丢包率的一组输入向量集。然后，本地运行自组织映像神经网络汇聚算法，求出获胜神经元，得到关于链路质量描述的 q 值。例如，如果某一个输入向量样本与神经元 (j) 的权向量非常相似，则神经元 (j) 被激活，根据已定义的 QoS 输出函数，可以得到关于 QoS 的一个估计值 q。

（5）信息路由。

估算节点到汇聚节点的最小距离。定义 T 为网路中除汇聚节点之外的其余节点，首先寻找到汇聚节点距离最小节点 v_j，然后更新集合 T 中的元素组成，令 $T = T - \{v_j\}$。对任意 $v_i \in T \bigcap \Gamma(v_j)$，计算 $d_i = d(v_j) + q$，如果 $d_i < d(v_i)$，那么 $d(v_i) = d_i$，重复这个过程直至 $|T| = 0$，算法结束。信息按照估算后的最小路径从源节点路由到汇聚节点。

在瓦斯数据流传输过程中，若瓦斯超限（>4%），则优先选用时延最小路径传输数据。x 调整为 $(p_1x_1, p_2x_2, \cdots, p_mx_m)$，重新计算 q 值，并在下一个采集瓦斯数据的间隔期间，路由动态切换为最小时延路由，即将 x 向时延小的低 q 值神经元映射。

图 3-25 所示为动态自组织路由算法流程图。

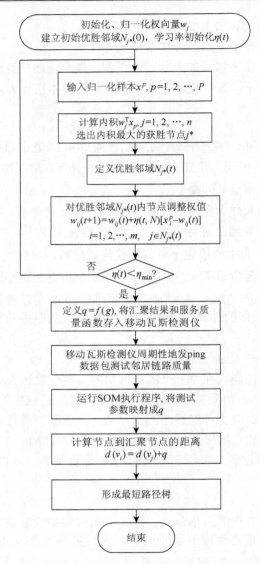

图 3-25　动态自组织路由算法流程图

5. 路由性能测试

1）路由性能评价指标

路由性能评价指标有很多，这里选择平均时延、网络生存周期和可靠性三个指标来进行评价[79]。

平均时延：数据从源节点到汇聚节点平均经过的时间。

网络生存周期：所有节点不断轮流作为源节点向汇聚节点发送数据，直到网络可靠性小于给定阈值时网络总共运行的时间。

可靠性：定义网络的可靠性 φ 为

$$\varphi = \frac{成功传输数据到汇聚节点的个数}{总的传输数据的源节点个数} \quad (3\text{-}73)$$

2）无线通信能耗及电波传输模型

目前国内外对隧道或井下巷道有限空间无线传输机理及模型进行了一定研究。国外，Ndoh 等对矿井具有粗糙墙壁大巷的无线传输模型进行了分析，并在某金矿进行实验[80]。中国矿业大学的张申提出了用于描述矩形隧道中无线传输规律的帐篷定律，并建立了矩形隧道中无线信道模型[81-83]，中国矿业大学（北京）的孙继平等采用金属波导法分析了圆形、拱形及弯曲隧道中电磁波的传输特性，对采煤工作面的无线传输通用截止频率进行了分析[84, 85]，并进行了实验测试，实验结果如表 3-7 和表 3-8 所示。根据实验结果，平直隧道中，频率越高，越有利于电磁波的传输，在弯曲隧道中，频率越高，越不利于电磁波的传输。

表 3-7　平直隧道中频率对衰减率的影响

频率/MHz	40	60	150	470	900	1700	4000
衰减/(dB/km)	301	217	113	9.8	2	1.6	0.7

表 3-8　弯曲隧道中频率对衰减率的影响

频率/MHz	200	415	1000	2000	4000
衰减/(dB/km)	47.3	57.5	67.6	74.1	80.2

考虑到矿井大巷的宽度仅为几米，同时移动瓦斯检测仪采用可功率控制的通信方式，并设定移动瓦斯检测仪之间的通信距离为 30m，这样，可以选择自由空间传播和多路衰减模型来近似描述无线电波传播方式。如果接收、发送节点之间的距离小于某个临界值，则使用自由空间模型；反之，如果接收、发送节点之间的距离大于此临界值，则使用双路径模型。临界值 d_c 定义如下：

$$d_c = \frac{4\pi\sqrt{L}h_r h_t}{\lambda} \quad (3\text{-}74)$$

式中，L 为传输损耗；h_t 为发射天线高度；h_r 为接收天线高度；λ 为波长。

根据移动瓦斯检测仪产品实际参数，天线为全向天线，无线通信频率为 2.4GHz，其他参数值如下：

$$G_t = G_r = 1, \quad h_t = h_r = 1\text{m}, \quad L = 1(系统无损耗)$$

式中，G_t 和 G_r 分别是发送者和接收者的天线增益。则

$$\lambda = \frac{3\times10^8}{2.4\times10^9} = 0.125(\text{m})$$

使用这些参数值，可以计算出临界值 $d_c = 100.5\text{m}$。由于 $d_c > 30\text{m}$，因此本书只需考虑自由空间模型。

根据无线电波自由空间传播模型，假设发射端信号的发射功率为 P_t，发射端和接收端之间的距离为 d，则在接收端收到的信号功率为

$$P_r(d) = \frac{P_t G_t G_r \lambda^2}{(4\pi)^2 d^2 L} \qquad (3-75)$$

根据式（3-75）可以估算接收到的每个数据包的信号能量。

为了描述无线通信硬件能量消耗情况，采用文献[86]提供的能耗模型，信息发送者在运行发送电路和功率放大器时要消耗能量，信息接收者在运行接收电路时也要消耗能量，如图 3-26 所示。

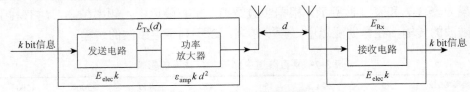

图 3-26　无线通信能耗模型

应用上述模型，发送一个长为 k bit 的信息通过距离 d，能量消耗为

$$E_{Tx}(k,d) = E_{elec}k + \varepsilon_{amp}kd^2 \qquad (3-76)$$

为了接收这个信息，需要消耗能量：

$$E_{Rx}(k) = E_{elec}k \qquad (3-77)$$

本节将通信信道带宽设为 1Mbit/s，通信速率为 250kbit/s。每个传感器节点要发送的观测信息长为 2000bit，运行发送和接收器件能耗 $E_{elec} = 50\text{nJ}/\text{bit}$，发送功率放大器能耗 $\varepsilon_{amp} = 100(\text{pJ}/\text{bit})/\text{m}^2$。

3）仿真环境

本书使用 12 个移动瓦斯检测仪随机分布在 $3 \times 100\text{m}^2$ 的长形平面区域，传感器最大通信距离为 30m。

在仿真的初始阶段，每个移动瓦斯检测仪具有相同的初始能源 0.5J，数据包大小为 2000bit，ping 数据大小为 32bit。每个节点都使用能源控制，其发送和接收所消耗的功率分别按式（3-76）和式（3-77）计算。发送频率选择 2.4GHz，发送速率为 250kbit/s，调制方式为 QPSK。

4）SOM 建模

仿真中设计的 SOM 是一个两层结构。第一层由 2 个神经元组成，分别代表时延和丢包率。第二层由 9 个神经元组成，组成了一个 3×3 矩阵。

（1）样本设计。为了构建二维的神经网络映像，需要关于输入样本（时延和

丢包率）的集合。这个样本集应该能包括通信中所有可能遇到的 QoS 环境。为此，必须构建相应的测试环境来得到这个样本集。

为了获得在不同噪声功率谱密度 N_0 下，描述任一对选择的传感器节点（如 v_i 和 v_j）间链路 QoS 的数据，这里采用的方法是节点 v_i 周期性地发送一个 ping 报文给节点 v_j，由于要求节点 v_j 收到这个报文后给节点 v_i 发送一个 ACK，因此节点 v_i 可以通过这个收到的 ACK 获得关于 v_i 和 v_j 之间链路 QoS 描述的数据。在实际应用中，可以通过改变节点之间的距离和噪声功率的方法来获得相关数据。本节采用仿真方法获得相关数据。构建图 3-27 所示的误码率测量电路，调制方式采用 QPSK[87]。

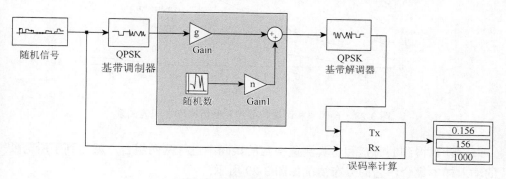

图 3-27 误码率测量电路

图 3-27 中，方形框内元件是用来描述无线信道特性的。其中，增益 $g = \lambda / (4\pi d)$ 用来描述无线电波路径损耗，由于接收端收到的信号功率按照 $\lambda^2 / (4\pi d)^2$ 衰减，因此电压衰减量按 $\lambda / (4\pi d)$ 进行，d 的取值范围为 10～30m，每次增加 2m；增益 n 用来描述接收端加性高斯白噪声影响，n 取值范围为 0.1×10^{-3}～$1 \times 10^{-3}\,\text{W} / \text{Hz}$，每次增加 $0.1 \times 10^{-3}\,\text{W} / \text{Hz}$。实验测量结果如图 3-28 所示。由图可见，无论节点间通信距离的增大或是信道接收端噪声功率谱密度的增加，都会造成通信质量的下降，从而使得丢包率增加。

考虑到在实际应用中，通信的时延主要由两部分组成：一是无线电波链路传播时延；二是信号发送和接收处理时延，这一部分取决于电路处理速度，可近似认为是一常数。因此，本书主要考虑第一部分，它和节点间距离有关。设传感器网络两节点间距离为 d，则时延定义为

$$t = \frac{d}{c} + \varepsilon t_0 \tag{3-78}$$

式中，c 为电磁波传播速度；ε 为[0, 1]均匀分布的随机变量；t_0 为一固定时延，这里取 $t_0 = 1 \times 10^{-8}\text{s}$。将 d 的值代入式（3-78）可得到在不同距离下的通信时延。计算时，d 按照 10～30m 的范围进行取值，每次增加 2m。

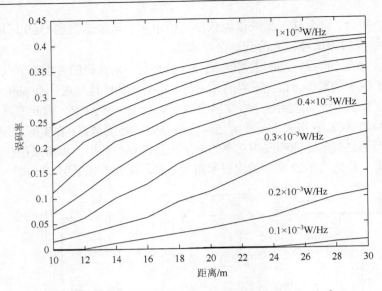

图 3-28　误码率和距离、噪声功率谱密度之间的关系

　　将计算得到的时延和仿真测量得到的误码率进行两两组合，就得到了所需要的输入样本集合，它的分布情况如图 3-29 所示。

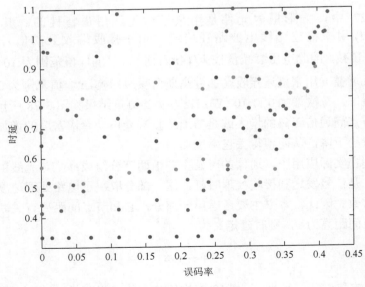

图 3-29　样本数据的分布

（2）网络创建。这一部分可以借助 MATLAB 软件实现，代码如下[88]：

```
net=newsom(minmax(P),[3,3]);
```
其中，P 为输入样本集；$\text{minmax}(P)$ 指定了输入向量元素的最大值和最小值；$[3, 3]$ 表示创建网络的竞争层为 3×3 结构。

（3）网络训练与测试。利用训练函数 train 对网络进行训练，直到经过训练的网络可对输入向量进行正确分类为止。网络训练步数对网络性能的影响比较大，需要反复测试，图 3-30 所示为训练步数等于 1000 时的神经元权值分布，相应的权向量矩阵为

$$W = [0.1145 \ 0.4513; 0.1131 \ 0.5784; 0.0939 \ 0.8344; 0.2085 \ 0.5608; 0.2398$$
$$0.8036; 0.2329 \ 0.9447; 0.2951 \ 0.6418; 0.3207 \ 0.7640; 0.3355 \ 0.9311]$$

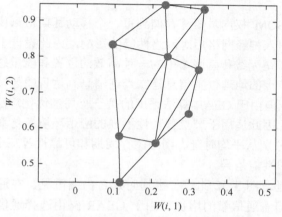

图 3-30 样本分布（训练步数为 1000）

利用训练好的网络对输入样本数据进行分类，相应的分类结果如图 3-31 所示。

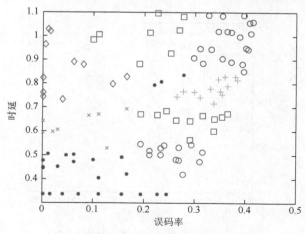

图 3-31 样本聚类结果

（4）QoS 函数。输入样本经训练后，被 SOM 网络分割为若干个子集，每一个子集与输出层的一个神经元相连。这个过程相当于把输入样本进行了特征映射，同一映射的样本应该具有相似的特性（时延和丢包率），也就是说具有相似的 QoS。因此，可以把同一个子集中的样本指定为同一个 QoS 值。直观的做法是定义一个函数 f，把子集所映射的神经元 g 看成描述 QoS 大小 q 的自变量，即 $q = f(g)$。为了计算方便，可以将 QoS 值量化为几个等级，等级数取决于分类结果。由于本例中一共分成了 9 类，因此 q 也被量化为 9 个等级，取值为 1～9。其中，最大值 9 对应链路质量最差的情况，而最小值 1 则对应链路质量最好的情况。

5）性能评估

将训练好的 SOM 权向量矩阵存储到每一个移动瓦斯检测仪之后，就可以验证在路由选择中引入神经网络后对网络性能的影响，为此设计了以下三种仿真实验。考虑到 GEAR 是无线传感网络中的一种高效的位置和能量感知的地理路由协议，由于其利用节点的地理位置信息建立查询消息到达目的区域的路径，因此非常适合矿井使用。但由于 GEAR 算法采用的是一个局部优化算法，终端节点缺乏足够的拓扑信息，因此适用于节点移动性不强的应用环境。仿真时将所设计的路由与 GEAR 路由分别从平均时延、网络生存周期和可靠性等三个方面进行比较，并研究它们之间的性能差异。

（1）平均时延。图 3-32 比较了平均时延。由图可见，在通信量比较低时，两者性能相似。随着通信量的增加，由于 GEAR 路由选择通信节点时只依据地理位置和能量系数，没有考虑节点间的时延，因此基于 SOM 的 QoS 路由性能要好一些。

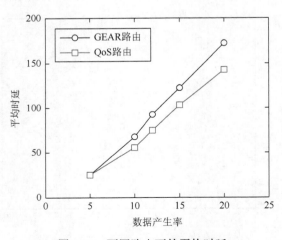

图 3-32　不同路由下的平均时延

（2）网络生存周期。图 3-33 比较了不同路由下的网络生存周期。网络生存周期对一个传感器网络来说是非常重要的一个指标。从图可见，在这一方面，GEAR 和基于 SOM 的 QoS 路由性能相似。这说明基于 QoS 机制的路由在解决实时应用中的时延问题时同样平衡了能耗问题。

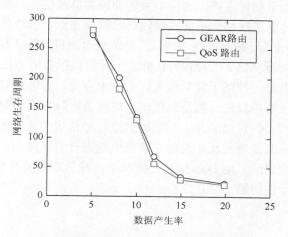

图 3-33　不同路由下的网络生存周期

（3）可靠性。实时通信中一段时间内到达目的地的数据包正确率反映了通信的可靠性指标。图 3-34 比较了一段时间内数据包传送的百分比。当所给定的时间期限比较长时，两种方案都达到了非常高的数据传送率。但是当时间期限值进一步增大时，GEAR 传送率将会急剧减小。

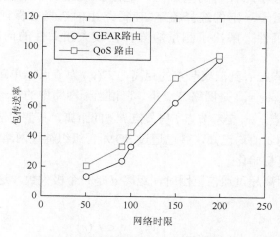

图 3-34　不同路由下的数据包传送率

3.2.2　随机动态自组织路由技术

利用以上提出的动态自组织路由算法或最短路径树、贪婪路由算法进行瓦斯数据流传输时，由于测量矩阵由网络中采用的路由算法确定，测量矩阵会存在较大的相干性，与传统方法相比不能实现较好的性能增益，影响信号的重构效果，文献[89]、[90]提出了一种随机路由协议，来解决对测量矩阵非相干性的要求，但是该算法仅针对格型网络。文献[91]分析了一种随机行走的方法用于无线网络中监测数据收集，提出一种基于贪婪迭代树的路由方法，并证明它是一种能量有效的方法。无论以上哪种算法，都是期望构造的测量矩阵在满足测量要求的情况下具有一定的随机性。针对煤矿井下瓦斯数据流长形带状传输场景，本书也引入随机路由的思想，依照提出的瓦斯流传输多权值动态自组织路由，构造随机动态自组织路由，使得在保证一定 QoS 要求的情况下，测量矩阵又具有一定的随机性，解决测量矩阵相干性问题。

1. 算法流程

随机动态自组织路由技术是在最小路径树的构造上增加路由随机扩展思想，原有的动态自组织路由技术在构造路径时每次都选择节点到汇聚节点的最小距离，这样能保证汇聚节点到事件区域中每一节点的完整路由均是距离最短最优路径，但这种选择会使得节点的路由过于确定唯一，会出现节点只存在一个前向节点或后向节点的情况，不能满足压缩感知理论对测量矩阵的要求。为此，在最小路径树的基础上，通过扩展路由，增加前向节点，并对每一个前向节点赋予一定的选择概率，使得路由的选择在保证 QoS 的基础上，又具有一定的随机性，解决了测量矩阵存在较大相关性的问题。具体实现方法如下。

定义 $d(v_i)$ 为节点 v_i 到汇聚节点的距离，$\Gamma(v_i)$ 为节点 v_i 单跳可到达的邻域节点集合，$V = \{v_1, v_2, \cdots, v_N\}$ 是网络节点集，它相当于网路中的每一个移动瓦斯测量节点，r 为汇聚节点，w_{ij} 表示节点 i 与节点 j 之间距离，其值由链路 q 确定。假设所有节点链路间的 q 值均已知，并已通过 SOM 自组织神经网络汇聚计算得到。

（1）节点距离初始化。

当两个节点距离超过通信范围时，距离 d 是一个极大数，这里设为 ∞。

令 $d(r) = 0$

$$d(v_i) = \begin{cases} w_{ri}, & v_i \in \Gamma(r) \\ \infty, & v_i \notin \Gamma(r) \end{cases}$$

（2）最小路径树构建。

在集合 T 中，寻找到汇聚节点距离最小节点 v_j，即 $d(v_j) = \min\{d(v_i) \mid v_i \in T\}$，然后更新集合 T 中元素组成，令 $T = T - \{v_j\}$。

对任意 $v_i \in T \bigcap \Gamma(v_j)$，计算 $d_i = d(v_j) + q$。如果 $d_i < d(v_i)$，那么 $d(v_i) = d_i$。

（3）如果 $|T| > 0$，重复步骤（2），否则 $|T| = 0$，进入步骤（4）。

（4）路由扩展。

对最小路径树中的每一个节点 v_i，若只有一个前向节点，在其 $\Gamma(v_i)$ 任选一个除已有前向节点 v_f 和后向节点 v_h 之外的任一 w_{ij} 最小节点 v_j，进行路由扩展，并令节点 v_i 下一跳选择这两个节点 v_f 和 v_j 的概率分别为 p_1 和 $p_2 (p_1 > p_2)$，并且 $p_1 + p_2 = 1$。若节点 v_i 已有 2 个或 2 个以上前向节点，则不再进行路径前向扩展，并平均分配每条支路一个选择概率。

2. 性能测试

下面主要是仿真测试确定路由与随机动态自组织路由技术在信号重建方面的性能差异，以图 3-22 所示的移动瓦斯检测仪分布为基本场景，节点间通信方式也按图 3-22 中箭头方式指定。图 3-22 中，每个移动瓦斯检测仪有若干条链路同其他节点相连，数据流向由左至右。

图 3-35 描绘了依据图 3-22 指定的场景，当采用不同路由协议时瓦斯流数据传输路径树的构造结果。其中，图（a）为根据 SOM 神经网络计算出节点间链路质量的带 q 值的网络带权图，图中箭头表示信号传播方向，箭头上数字表示链路质量 q 值；图（b）为根据最小路径算法构成的最小路径路由，其中每条路由保证节点到汇聚节点的跳数最小，相当于图（a）中的 q 值为 1；图（c）为基于 QoS 的多权值动态自组织路由技术，每条路由保证节点到汇聚节点的累积 q 最小，即链路质量最高；图（d）为随机动态自组织路由，它是在图（c）的基础上进行的路由扩展，主要针对只有一个前向节点的路由节点，在可能的情况下扩展了一个前向节点，并对多个前向节点进行了概率分配，从而使得节点到汇聚节点的路径树不唯一，增加了路径选择的随机性。

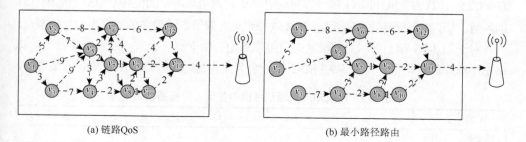

(a) 链路QoS　　　　　　　　　　　　　　　　(b) 最小路径路由

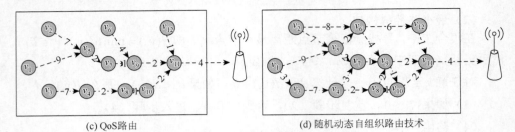

(c) QoS路由　　　　　　　　　　　　　(d) 随机动态自组织路由技术

图 3-35　瓦斯流数据传输的几种路由方式

为了简化，本书采用数学方法构造测试序列进行性能测试。每个传感器产生的信号为稀疏度为 2 的时间序列，但非零值的位置是随机的，非零值取值范围为 $[-0.5, 0.5]$，稀疏信号长度 $N=16$，观测信号长度 $M=6$。在每一个时隙，节点将测量到的数据按照选定的路由传送到汇聚节点，由于信号长度为 16，需要 16 个这样的时隙，才能将所有测量信号传送完毕。

对于图 3-35（c）所示的基于 QoS 的多权值动态自组织路由技术，其路由生成矩阵为

$$
G = \begin{bmatrix}
1 & 0 & 0 & 0 & 1 & 0 & 1 & 0 & 1 & 0 & 1 & 0 \\
1 & 0 & 0 & 1 & 0 & 1 & 0 & 1 & 0 & 1 & 0 & \\
1 & 1 & 0 & 0 & 0 & 1 & 0 & 1 & 1 & 0 & & \\
1 & 0 & 0 & 0 & 1 & 0 & 1 & 1 & 0 & & & \\
1 & 0 & 1 & 0 & 1 & 0 & 1 & 0 & & & & \\
1 & 0 & 0 & 1 & 0 & 1 & 0 & & & & & \\
1 & 0 & 1 & 0 & 1 & 0 & & & & & & \\
1 & 0 & 1 & 1 & 0 & & & & & & & \\
1 & 0 & 1 & 0 & & & & & & & & \\
1 & 1 & 0 & & & & & & & & & \\
1 & 0 & & & & & & & & & & \\
1 & 1 & & & & & & & & & &
\end{bmatrix}
$$

在每一个时隙，随机选择 6 个节点作为起始节点产生 6 条通信链路。定义 $\|G_i\|_1$ $(i = 1, 2, \cdots, 12)$ 为生成矩阵 G 每一行向量中非 0 元素个数，它的值等于节点至汇聚节点的跳数。为了得到更好的重建效果，优先选择距离汇聚节点跳数多的节点作为起始节点。

对于图 3-35（d）所示的随机动态自组织路由，由于每一个节点的路径不唯一，其路由生成矩阵也不唯一，表 3-9 列出了每一个节点作为起始节点至汇聚节点的路由数。

表 3-9　随机动态自组织路由中各节点对应路由数

节点	v_1	v_2	v_3	v_4	v_5	v_6	v_7	v_8	v_9	v_{10}	v_{11}	v_{12}
路由数	10	2	5	5	5	3	2	2	2	1	1	1

随机产生的 12 路测试信号为

$$
x = \begin{bmatrix}
0 & 0 & 0 & 0 & 0 & 0 & 0 & 0 & 0 & 0 & 0 & 0 \\
0 & 0 & 0 & 0 & 0.21 & 0 & 0 & 0.02 & 0 & 0 & 0 & 0 \\
0 & 0 & 0 & 0 & 0 & 0 & 0 & 0.34 & -0.18 & 0 & -0.33 & 0 \\
-0.20 & 0 & 0 & 0 & 0 & -0.31 & 0 & 0 & 0 & -0.04 & 0 & 0 \\
-0.18 & 0 & 0 & -0.06 & 0 & 0 & 0 & 0 & 0 & 0 & 0 & 0 \\
0 & 0 & 0 & 0 & 0 & 0 & 0 & 0 & 0 & 0 & 0 & 0 \\
0 & -0.13 & 0 & 0 & 0.12 & 0 & -0.39 & 0 & 0 & 0 & 0 & 0 \\
0 & 0 & -0.12 & 0 & 0 & 0 & 0 & 0 & 0 & 0 & 0 & 0 \\
0 & 0 & 0 & 0 & 0 & 0 & -0.30 & 0 & 0 & 0 & 0 & 0 \\
0 & 0 & 0 & 0 & 0 & 0 & 0 & 0 & 0 & 0 & 0 & 0 \\
0 & 0 & 0 & 0 & 0 & 0 & 0 & 0 & 0 & 0 & 0 & -0.47 \\
0 & 0.15 & 0 & 0 & 0.24 & 0 & 0 & 0 & 0 & 0.02 & 0.49 & 0.44 \\
0 & 0 & 0 & 0 & 0 & 0 & 0 & 0 & 0.01 & 0 & 0 & 0 \\
0 & 0 & -0.28 & -0.41 & 0 & 0 & 0 & 0 & 0 & 0 & 0 & 0 \\
0 & 0 & 0 & 0 & 0 & 0 & 0 & 0 & 0 & 0 & 0 & 0 \\
0 & 0 & 0 & 0 & 0 & 0 & 0 & 0 & 0 & 0 & 0 & 0
\end{bmatrix}
$$

矩阵中每一列对应 1 路测试信号，从第 1 列至最后 1 列分别为节点 1～12 产生的测量信号。虽然每一路信号稀疏度为 2，但按行压缩时，部分行达到了 5。

恢复算法采用 BP 算法。图 3-36 所示为采用基于 QoS 的多权值动态自组织路由技术构建测量矩阵的重构效果图。由图可见，由于测量矩阵的确定性，12 路信号中只有不到一半的信号可以精确重构。图 3-37 所示为采用随机动态自组织路由的重构效果图。由图可见，由于测量矩阵的随机性，数据重构效果要优于图 3-36 所示的数据重构效果。

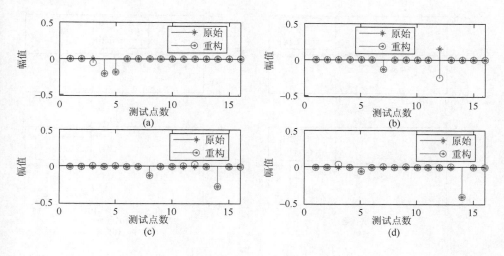

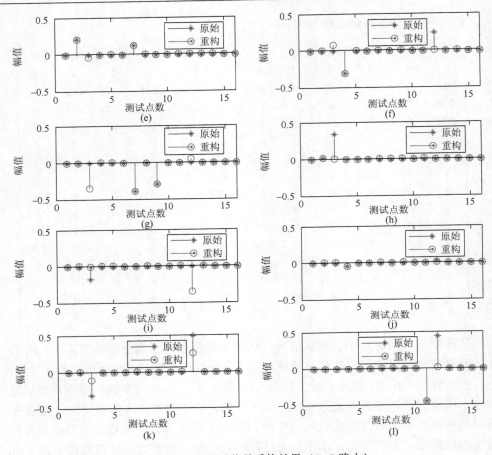

图 3-36　12 路测试信号重构效果（QoS 路由）

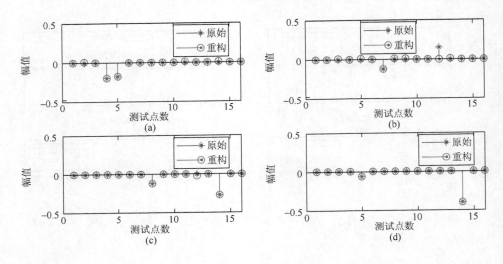

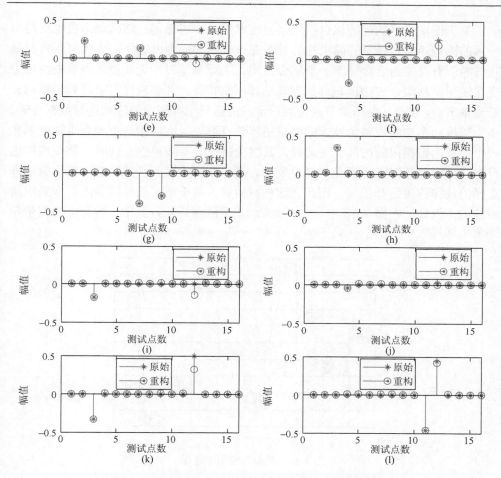

图 3-37 12 路测试信号重构效果（随机动态自组织路由）

3.2.3 伪随机自组织路由技术

随机动态自组织路由在基于 QoS 的多权值动态自组织路由技术中，对每一个节点通过扩展路由，增加前向节点，并对每一个前向节点赋予一定的选择概率，使得路由的选择在保证 QoS 的基础上，又具有一定的随机性，解决了测量矩阵存在较大相关性的问题。然而由于测量矩阵具有随机不确定性，为了在上位机中有效恢复测量数据，无线接入点需将测量矩阵一起上传，并要标记出测量矩阵和测量数据的对应关系，并保证它们之间的同步，以之前分析的具有 512 个测点的瓦斯数据为例，就需要有 512 个对应的测量矩阵，不仅工程上不易实现，而且违背了采用压缩感知方法实现数据高效传输和有效存储的初衷，为此提出了基于图案选择的伪随机自组织路由技术。

基于图案选择的伪随机自组织路由技术的基本思想是：随机动态自组织路由技术的测量矩阵选择具有随机性，且可在一个较大范围内选择，为此可先将测量矩阵的所有可能组合存储于一个集合 E 中，实际测量时，无线接入点事先约定好变化规律，从集合 E 中随机周期性地选择测量矩阵，并将选择策略通知给移动瓦斯测量节点，移动瓦斯测量节点按照选定好的测量矩阵规定的路由进行数据传输。由于随机动态自组织路由技术的测量矩阵数目可以很大，相当于测量矩阵可以在一个很宽的范围内随时间跳变选择，其跳变规律具有随机性。同时，跳变规律也可以在一个较长时间 t 后呈周期性变化，所以实际上具有伪随机性。将测量矩阵选择的规律称为选择图案，因此将这种路由称为基于图案选择的伪随机自组织路由技术。例如，在图 3-38 中，一共包括 10 个测量矩阵，其中一种可能的测量矩阵变化规律为 $\Phi_6 \rightarrow \Phi_4 \rightarrow \Phi_7 \rightarrow \Phi_{10} \rightarrow \Phi_2 \rightarrow \Phi_5 \rightarrow \Phi_9 \rightarrow \Phi_3 \rightarrow \Phi_1 \rightarrow \Phi_8$。

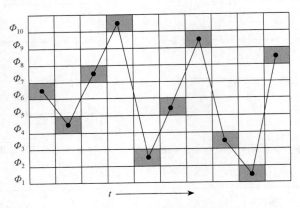

图 3-38　测量矩阵图案选择

基于图案选择的伪随机自组织路由技术具体实现过程如下。

（1）形成最小路径树路由。利用 SOM 神经网络，基于 QoS 思想，实现最小路径树构建，其中描述两个节点间通信质量参数由 q 描述，实现信息按照 QoS 最优路径从源节点向汇聚节点传输。

（2）按照随机动态自组织路由思想进行路由扩展。对路由中只有一个前向节点的无线节点在可能的情况下进行路由扩展，增加前向节点。与随机动态自组织路由的不同之处在于，其不需要为原有的前向节点和新增加的前向节点分配选择概率，因为随机性隐含于之后的图案选择中。

（3）生成测量矩阵集合 E。根据生成的随机动态自组织路由，随机选择 M 个起始节点生成测量矩阵，并将测量矩阵存储于集合 E 中。

（4）生成测量矩阵变化图案。汇聚节点在集合 E 中，随机生成测量矩阵选择图案，并将集合 E 和图案变化规律传输给上位机进行存储。

（5）测量节点、汇聚节点和上位机时间同步。井下测量节点按照变化的测量矩阵进行路由选择和传输，并与上位机严格同步，使得采集端测量矩阵与重构端测量矩阵同步变化。

基于图案选择的伪随机自组织路由性能与随机动态自组织路由相当。由于移动瓦斯测量节点测量的是同一个空间范围内的瓦斯数据，因此测量数据具有空间相关性。图 3-39 所示为利用函数 $x = 0.2 + 0.1\left(1 + \sin\dfrac{\pi}{64}n\right)[1 + 0.2\mathrm{randn}(1,256)]$ 生成的 12 路测试信号，经 TVAL3 算法重构后的效果比较图。信号长度为 256，测量矩阵 $\boldsymbol{\Phi} \in \mathbf{R}^{6 \times 12}$，压缩比为 0.5。由于信号的相关性，重构误差 $< 9\%$。在信号的波谷处，由于干扰较小，信号相关性强，近似于精确重构。

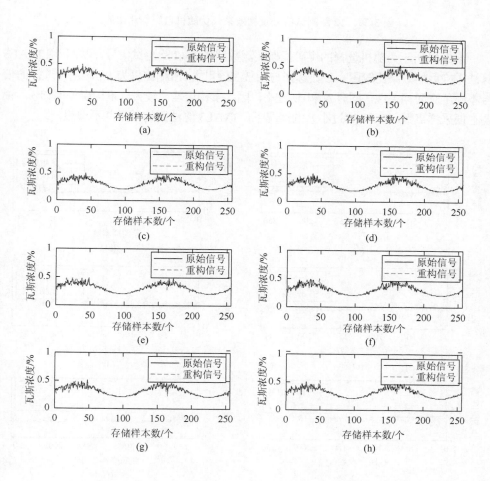

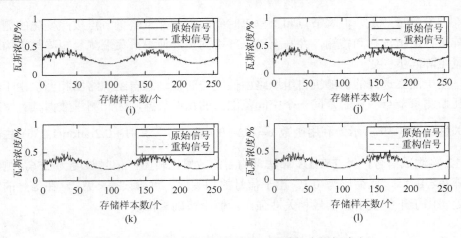

图 3-39　12 路测试信号重构效果（伪随机自组织路由）

图 3-40 所示为随机选择的煤矿瓦斯实测数据构成 12 路测试信号，同样利用 TVAL3 算法重构后的效果比较图。参数选择与图 3-39 相同，压缩比仍为 0.5。由于选择的信号不满足空间相关性，同时 N 和 M 过小，因此重构误差比较大，重构误差 < 18%，说明在低采样点数（N 和 M 过小）的情况下，TVAL3 算法重构效果并不理想。

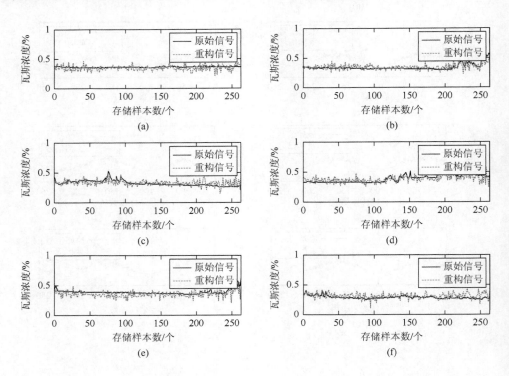

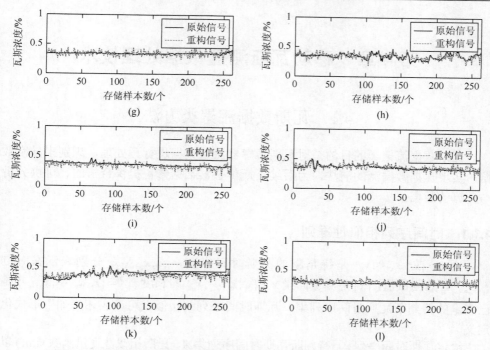

图 3-40　随机选择的 12 路瓦斯实测信号重构效果（伪随机自组织路由）

第 4 章　移动瓦斯测量数据处理技术

4.1　瓦斯数据流聚类方法

瓦斯数据流聚类的目的是对瓦斯传感器测量数据进行预处理，识别出异常数据，实现瓦斯数据流的清洗，为后续瓦斯传感器数据修正提供合格的、可供分析与计算的数据。

4.1.1　时间序列相似性准则

设 $x = \{x_1, x_2, \cdots, x_n\}$ 是待判断的瓦斯时间序列，$x_1, x_2, \cdots x_n$ 分别表示在时刻 $t_1, t_2, \cdots t_n$ 的测量值，$|x|$ 是测量向量 $x = \{x_1, x_2, \cdots, x_n\}$ 的长度。$A = \{x_1, x_2, \cdots, x_n, \cdots\}$ 是已测量的待判断瓦斯时间序列集。瓦斯时间序列的相似性可以表述为如下形式化定义[92, 93]。

给定瓦斯时间序列 x、待判断瓦斯时间序列集 A、瓦斯相似性度量函数 $\mathrm{sim}()$ 以及相似性判断算法 $\mathrm{alg}()$，在瓦斯时间序列集 A 中，找出与 x 相似的序列集合 B，即

$$B = \{x_i \in A \mid \mathrm{sim}(\mathrm{alg}(x, x_i))\} \tag{4-1}$$

1. Euclid 距离相似准则

Euclid 距离法是最常见的时间序列相似性判别方法。给定两个瓦斯时间序列 $x = \{x_1, x_2, \cdots, x_n\}$ 与 $y = \{y_1, y_2, \cdots, y_n\}$，序列 Euclid 距离定义为

$$d(x, y) = \sqrt{\sum_{i=1}^{n}(x_i - y_i)^2} \tag{4-2}$$

两个序列 Euclid 距离越小，认为这两个模式越相似。如果对同一类内各个模式向量间的 Euclid 距离不允许超过某一最大值 T，则最大 Euclid 距离 T 就成为一种聚类判据。

2. 向量夹角余弦相似准则

描述两个向量相似性的另一种方法是计算两个向量夹角的余弦[93]，即

$$\cos\theta = \frac{x^{\mathrm{T}} y}{\|x\| \cdot \|y\|} \tag{4-3}$$

两个向量越接近，其夹角越小，余弦越大。如果对同一类内各个向量间的夹角作出规定，不允许超过某一最大角 φ_T，则最大角 φ_T 就成为一种聚类判据。

不同相似度会导致形成的聚类几何特性不同，如图 4-1 所示。若用 Euclid 距离相似准则，会形成大小相似且紧密的圆形聚类；若用向量夹角余弦相似准则，将形成大体同向的狭长形聚类。

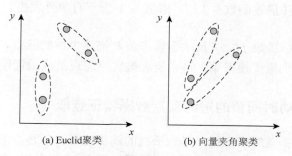

(a) Euclid聚类　　　　(b) 向量夹角聚类

图 4-1　不同相似性准则的聚类效果

4.1.2　时间序列相似性数学分析方法

1. 模态束和模态集

模态是时间序列中特征量表现的一种模式，任何没有判别为正常或异常的模态都称为不确定态或暂时模态[94-96]。不确定态包括过去的和现在的未判决的状态。

对未判决的实际时间序列，其不确定态并不完全相同，为了描述各个不确定态的归属，引入模态束和模态集的概念。

模态束 P 是所有与已知模态 p 距离小于 δ 的模态空间点组成的一个集合，即模态束 $P = \{a \in \mathbf{R}^Q \mid d(p,a) \leqslant \delta\}$。其中，$d$ 为空间距离，Q 为模态空间维数。

所有模态束组成的集合称为模态集，用 C 表示。对于分属于不同模态束而同属于模态集的序列认为同属于一个状态。因此，模态集是进行最终状态判决的最小划分，一个二维的模态束和模态集如图 4-2 所示。

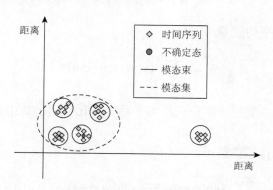

图 4-2　模态束与模态集

2. 时间序列相似性判别步骤

（1）把时间序列 x 嵌入一个 Q 维实空间，建立重构状态空间。

（2）定义事件描述函数 $g(x)$，取值为 1 表示有事件发生，值为 0 表示没有事件发生。

（3）定义目标函数 f，f 反映了模态束 P 描述事件的能力。通过求解目标函数 f 的最优解得到最优模态束，再由所有最优模态束组成最优模态集。

4.1.3　基于滑动时间窗的短时瓦斯数据特征选取

瓦斯测量数据随时间变化，是非平稳的随机过程。但是，考虑到瓦斯浓度的非突变性，在一个短时间范围内基本特性保持不变，可以认为在一定的时间间隔内，瓦斯数据具有短时平稳性，因而可将瓦斯数据看做一个准平稳过程，可以采用平稳过程的分析处理方法来分析瓦斯时间数据。在对瓦斯信号进行短时分析时，瓦斯流的处理采用分段或分帧实现。分帧采用连续分段的方法，采用有限长时间窗加权的方法，时间窗每次滑动的距离与窗的宽度相等。为了简单起见，窗函数采用矩形窗，即 $w(n) = R_N(n)$。针对瓦斯数据的特点，选取如下参数作为描述瓦斯时间数据的特征参数。

（1）瓦斯短时均值：

$$\overline{x} = \frac{1}{N}\sum_{i=1}^{N}x(i) \tag{4-4}$$

（2）瓦斯短时标准差：

$$\sigma = \sqrt{\frac{1}{N-1}\sum_{i=1}^{N}[x(i)-\overline{x}]^2} \tag{4-5}$$

（3）瓦斯短时平均能量：

$$E_n = \sum_{m=n-N+1}^{n}[x(m)w(n-m)]^2 \tag{4-6}$$

瓦斯短时平均能量主要用于区分瓦斯由平稳变为瓦斯涌出或由瓦斯涌出变为瓦斯平稳的时刻。

（4）瓦斯短时过均值数：

$$z_n = \sum_{m=n-N+1}^{n}|\operatorname{sgn}[x(m)-\overline{x}]-\operatorname{sgn}[x(m-1)-\overline{x}]|w(n-m) \tag{4-7}$$

瓦斯短时过均值数粗略描绘了瓦斯信号的频谱特性，因而也可以用来区分瓦斯平稳或瓦斯涌出。

（5）瓦斯短时傅里叶系数[97]：

$$X_n(k) = \sum_{m=-\infty}^{\infty} x(m)w(n-m)W_N^{mk} \tag{4-8}$$

4.1.4　短时瓦斯流模糊 C 均值聚类算法

1. 算法流程

模糊 C 均值聚类算法（fuzzy C-means algorithm，FCMA）由 Bezdek 于 1981 年提出。该算法通过优化目标函数得到每个样本点对所有类的隶属度，从而决定样本点的归属以达到对样本数据进行分类的目的[98]。

短时瓦斯流模糊 C 均值聚类算法是在模糊 C 均值聚类算法的基础上先对瓦斯数据按帧分段，对每一分段信号选取特征参数进行空间映射，然后针对映射后的空间序列应用模糊 C 均值聚类算法进行模式分类。其指导思想是：假设瓦斯全体样本可以分为 C 类，并选定 C 个初始聚类中心，根据时间序列相似性准则将每一个瓦斯样本分配到某一类中，之后不断迭代计算各类聚类中心，并依据新的聚类中心重新调整聚类情况，直至迭代收敛或聚类中心不再发生变化。算法描述如下。

1）离群点预处理

离群点是瓦斯时间序列中远离序列一般水平的极端大值和极端小值[99]。假定瓦斯数据正常的序列值是平滑的，而离群点是突变的，若

$$\bar{x}_t - kS_t < x_{t+1} < \bar{x}_t + kS_t \tag{4-9}$$

则认为 x_{t+1} 是正常的，否则认为 x_{t+1} 是一个离群点。式中，S_t 为 t 时刻的标准差；$\bar{x}_t$ 为序列平均值；k 一般取 3～9 的整数，开始不妨取 $k=6$。如果 x_{t+1} 是一个离群点，则可用 $\hat{x}_{t+1}$ 来代替，即

$$\hat{x}_{t+1} = 2x_t - x_{t-1} \tag{4-10}$$

2）瓦斯流分帧和特征参数空间映射

将瓦斯时间序列按帧分段，对每一段分别求短时均值、短时标准差、短时平均能量、短时过均值数和短时傅里叶系数，并进行特征参数空间映射，从而形成一个由 M 个指标来描述的特征向量，即

$$x_i = (x_{i1}, x_{i2}, \cdots, x_{iM}) \tag{4-11}$$

为了便于对指标数据进行分析比较，同时避免数据过小指标被湮没，将各指标正则化，即

$$x'_{ij} = \frac{x_{ij} - \min\limits_{i} x_{ij}}{\max\limits_{i} x_{ij} - \min\limits_{i} x_{ij}} \qquad (4\text{-}12)$$

显然，通过标准化将数据指标都压缩到 $[0,1]$ 区间，即 $x'_{ij} \in [0,1]$。这样，便得到正规化矩阵 $X = (x'_{ij})_{N \times M}$。正规化矩阵的每一行被看做分类对象在指标集上的模糊集合，即

$$X_i = (x'_{i1}, x'_{i2}, \cdots, x'_{iM}), \quad i = 1, 2, \cdots, N \qquad (4\text{-}13)$$

3）样本集构建和参数初始化

构建瓦斯样本集 $X = \{x_1, x_2, \cdots, x_N\}$，样本数为 N，聚类数为 C（$2 \leqslant C \leqslant N$），迭代次数 $k = 1$。现在要将样本集 X 划分为 C 类，记为 $X_1, X_2, \cdots, X_C$。选择 C 个初始聚类中心，记为 $m_1(k), m_2(k), \cdots, m_C(k)$[100]。

4）计算所有样本与各聚类中心的距离，形成模态束

定义目标函数：

$$J(U,V) = \sum_{j=1}^{N} \sum_{i=1}^{C} (u_{ji})^m (d_{ji})^2 \qquad (4\text{-}14)$$

式中，$U = [u_{ji}]$ 为模糊分类矩阵；$u_{ji} \in [0,1]$，为样本 x_j 对第 i 类样本集的隶属度；$m \in [0, \infty)$ 是加权指数；$d_{ji} = \| x_j - m_i(k) \|$ 为样本 x_j 到第 i 类样本中心的距离。$J(U,V)$ 表示了各个样本到聚类中心的加权距离平方和，权重是样本 x_j 到第 i 类样本隶属度的 m 次方。

聚类准则是实现目标函数 $J(U,V)$ 的最小值。由于矩阵 U 的各列都是独立的，因此有

$$\min J(U,V) = \min \left[\sum_{j=1}^{N} \sum_{i=1}^{C} (u_{ji})^m (d_{ji})^2 \right] = \sum_{j=1}^{N} \left[\min \sum_{i=1}^{C} ((u_{ji})^m (d_{ji})^2) \right] \quad (4\text{-}15)$$

式（4-15）的约束条件为 $\sum\limits_{i=1}^{C} u_{ji} = 1$。为了求得最佳隶属函数 u_{ji}，构造拉格朗日函数：

$$L(\lambda, u_{ji}) = \sum_{i=1}^{C} (u_{ji})^m (d_{ji})^2 + \lambda \left(\sum_{i=1}^{C} u_{ji} - 1 \right) \qquad (4\text{-}16)$$

令

$$\begin{cases} \dfrac{\partial L(\lambda, u_{ji})}{\partial \lambda} = \displaystyle\sum_{i=1}^{C} u_{ji} - 1 = 0 \\ \dfrac{\partial L(\lambda, u_{ji})}{\partial u_{ji}} = [m(u_{ji})^{m-1}(d_{ji})^2 - \lambda] = 0 \end{cases} \tag{4-17}$$

可得

$$u_{ji} = \dfrac{1}{\displaystyle\sum_{k=1}^{C}\left(\dfrac{d_{ji}}{d_{jk}}\right)^{\frac{2}{m-1}}} \tag{4-18}$$

按最小距离原则将样本 x_j 进行聚类，若 $d(x_j, m_l(k)) = \min\limits_i d(x_j, m_i(k))$，则 $x_j \in X_l$。

$$X_l = X_l \bigcup \{x_j\} \tag{4-19}$$

5）更新模态束，重新计算聚类中心 $m_i(k+1)$

令 $\dfrac{\partial}{\partial m_i} J(U,V) = 0$，可得

$$\sum_{j=1}^{N}(u_{ji})^m \frac{\partial}{\partial m_i}[(x_j - m_i(k))^{\mathrm{T}}(x_j - m_i(k))] = 0 \tag{4-20}$$

由此得到

$$m_i(k+1) = \dfrac{\displaystyle\sum_{j=1}^{N}((u_{ji})^m x_j)}{\displaystyle\sum_{j=1}^{N}(u_{ji})^m} \tag{4-21}$$

6）判断聚类算法是否结束

若存在 $i \in \{1,2,\cdots,C\}$，有 $m_i(k+1) \neq m_i(k)$，则 $k = k+1$，进入第 4）步，否则聚类结束，形成模态集。

图 4-3 所示为短时瓦斯流模糊 C 均值聚类算法流程。

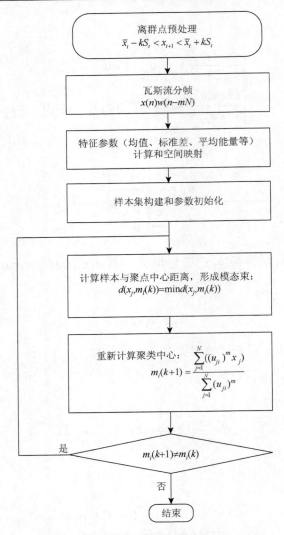

图 4-3　短时瓦斯流模糊 C 均值聚类算法流程

2. 性能测试

1）基于二元统计量的瓦斯流数据汇聚

瓦斯特征选择短时均值和短时标准差，聚类类别数 $C=2$，数据帧常选择为 32。图 4-4 所示为含有较多离群点的平稳瓦斯序列经离群点预处理后模糊分类结果，由于人为指定分成两类，分类结果不满足实际情况。图 4-5 所示为归一化特征值分布情况，由于选定的瓦斯数据特征值区分度不明显，特征向量分布无规律，数据之间无明显可分性，因此，虽然分类结果不满足实际情况，但短时瓦斯流模

糊 C 均值聚类算法还是将数据分成了两个相对独立的类别，实现了聚类类别数为 2 的目标。

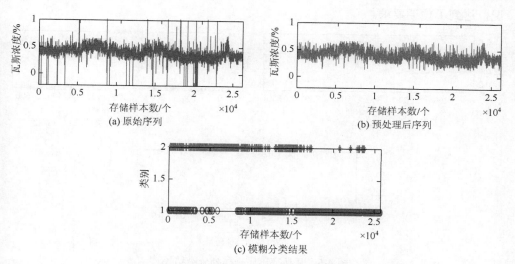

(a) 原始序列 　　　　　　　　(b) 预处理后序列

(c) 模糊分类结果

图 4-4　含离群点的平稳瓦斯序列模糊分类结果

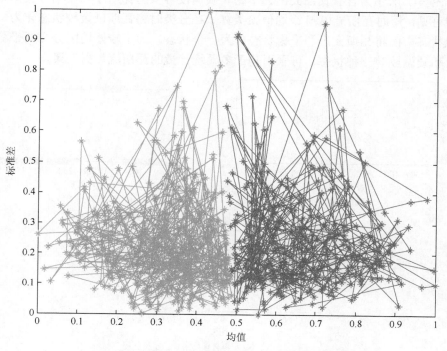

图 4-5　数据特征向量分类结果（均值和标准差）

　　图 4-6 所示为瓦斯突出序列模糊分类结果。由图可见，短时瓦斯流模糊 C 均值聚类算法可以较好地将瓦斯数据分为平稳和突出两部分，分类结果满足实际情况，达到了预期要求。

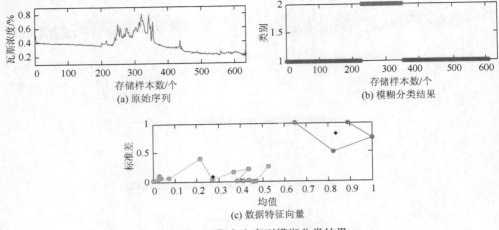

图 4-6　瓦斯突出序列模糊分类结果

　　图 4-7 所示为含有瓦斯突出、平稳和硬调校等多态瓦斯序列模糊分类结果。由图可见，短时瓦斯流模糊 C 均值聚类算法在分类时将瓦斯硬调校状态作为一个单独状态，而将瓦斯突出和平稳状态作为一个状态。为了较好地区分瓦斯平稳、突出和硬调校等三种状态，可采用基于多元统计量的瓦斯流数据汇聚。

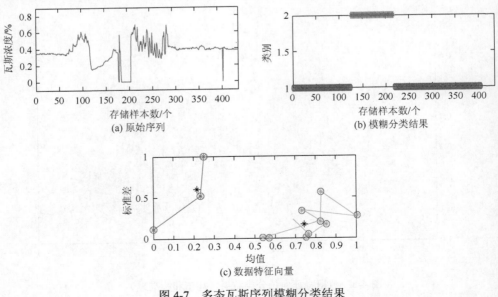

图 4-7　多态瓦斯序列模糊分类结果

2）基于多元统计量的瓦斯流数据汇聚

图 4-8 所示为选择瓦斯短时均值、短时标准差和短时平均能量作为特征参数，聚类类别数 $C=3$ 时，采用短时瓦斯流模糊 C 均值聚类算法分类结果。由图可见，该算法实现了瓦斯突出、平稳和硬调校三种状态的区分。图 4-9 所示为数据特征向量分布图。以上分析说明，采用基于多元统计量的瓦斯流数据汇聚可有效提高数据的准确性，实现瓦斯数据平稳、突出和硬调校三态区分。

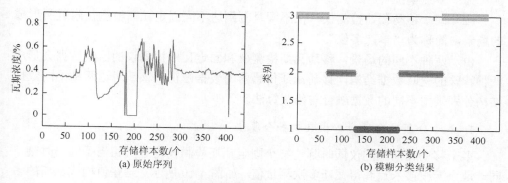

(a) 原始序列　　　　　　　　　(b) 模糊分类结果

图 4-8　基于多元统计量的多态瓦斯序列模糊分类结果

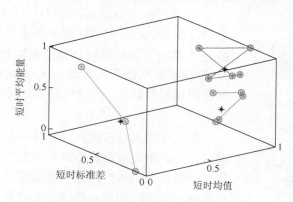

图 4-9　数据特征向量分布

4.2　瓦斯数据流修正技术

瓦斯传感器允许误差规定：甲烷浓度在 0～1.0% 时，误差小于 ±0.1%；甲烷浓度在 1.0%～2.0% 时，误差小于 ±0.2%；甲烷浓度在 2.0%～4.0% 时，误差小于 ±0.3%。当测量误差超出规定限时，需要进行瓦斯传感器测量数据的修正。随着智能矿灯的大面积使用，矿山瓦斯移动检测仪的数量剧增，如何对大量移动瓦斯传感器数据进行修正，保证移动瓦斯传感器检测数据的可靠性，是一个迫切需要解决的问题。

4.2.1　移动瓦斯传感器数据修正算法

由于矿工在井下的行走，移动瓦斯检测仪与固定瓦斯检测仪会形成以下两种特殊场景：

（1）多个移动瓦斯检测仪同时到达某个固定瓦斯检测仪附近所形成的场景，简称为"多点单位"；

（2）同一移动瓦斯检测仪，在不同时刻到达不同固定瓦斯检测仪附近所形成的场景，简称为"单点多位"。

由于两种不同的场景，移动瓦斯检测仪和固定瓦斯检测仪的监测数据会形成两种特殊的空时数据结构，移动瓦斯传感器的数据修正应该针对这两种不同数据结构分别采用不同的数据融合与修正算法。

1. 基于分簇的自适应加权数据融合算法

多个移动瓦斯检测仪同时到达某个固定瓦斯检测仪附近，相当于同一时刻、同一地点无线接入点获得瓦斯多次测量值，如图 4-10 所示。这些值构成瓦斯的多维数据点，其表达式为

$$s_k = \{(x_{1k}, \cdots, x_{mk}, y_k, t_k, p_k) \mid k = 1, 2, \cdots, N\} \quad (4\text{-}22)$$

式中，$(x_{1k}, \cdots, x_{mk})$ 为同时到达固定瓦斯检测仪 k 附近的 m 个移动瓦斯检测仪测量的瓦斯数据（$m \leqslant M$），M 为移动瓦斯检测仪总数；y_k 为固定瓦斯检测仪 k 测量的瓦斯数据；t_k 为数据测量时间；p_k 为测量地点标识。

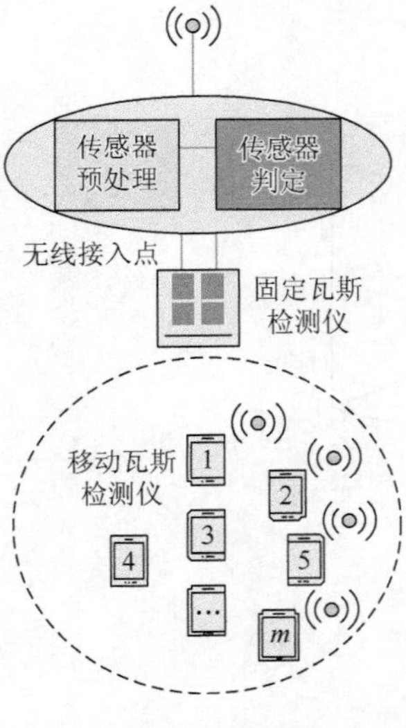

在无线接入点接收到同一移动瓦斯检测仪测量数据后，考虑到瓦斯数据不具有突变性，选取连续测量的三个数据作为该时间窗内基准数据，并计算其算术平均值作为该时间窗内移动瓦斯检测仪测量数据。传感器数据处理采用基于分簇的自适应加权数据融合算法，由于有 N 个固定瓦斯检测仪，因此可以形成 N 个簇，每个簇内算法如下。

（1）计算移动瓦斯检测仪测量的瓦斯数据估计值：

$$\bar{x}_k = \frac{1}{m} \sum_{i=1}^{m} x_{ik} \quad (4\text{-}23)$$

（2）计算每一个移动瓦斯检测仪的检测方差：

$$\sigma_{ik}^2 = (x_{ik} - \bar{x}_k)^2 \quad (4\text{-}24)$$

图 4-10　"多点单位"场景

（3）选择权值 w_{ik} 使簇内总测量方差函数 $f(w_{1k},\cdots,w_{mk})=\sum_i w_{ik}^2\sigma_{ik}^2$ 最小，可得加权因子：

$$w_{ik}=\frac{1}{\sigma_{ik}^2\sum_j\dfrac{1}{\sigma_{jk}^2}}, \quad i=1,2,\cdots,m; j=1,2,\cdots,m \qquad (4\text{-}25)$$

（4）计算簇内融合后目标参量：

$$\hat{x}_k=p_1\sum_i w_{ik}x_{ik}+p_2 y_k \qquad (4\text{-}26)$$

式中，$p_1+p_2=1$。p_1、p_2 的取值可按经验选择，这里可选 $p_1=0.4$，$p_2=0.6$。

（5）定义移动瓦斯检测仪的置信度为

$$C_{ik}=\frac{|x_{ik}-\hat{x}_k|}{|\hat{x}_k|}, \quad i=1,2,\cdots,m \qquad (4\text{-}27)$$

定义移动瓦斯检测仪 i 总的置信度为

$$C_i=\frac{1}{P}\sum_{k=1}^{P}C_{ik} \qquad (4\text{-}28)$$

式中，P 为移动瓦斯检测仪 i 在 N 个固定瓦斯检测仪出现的总次数。

定义 $C_{\min}$ 为移动瓦斯检测仪允许的置信度下限，如果 $C_i>C_{\min}$，则认为第 i 个移动瓦斯检测仪需要校验。选取 $C_{ik}>C_{\min}$ 所对应的 k 集合，计算 $x_{ik}-\hat{x}_k$ 的算术平均值作为移动瓦斯检测仪 i 的校验偏移量，下发广播消息通过环网和固定无线接入点对移动瓦斯传感器 i 进行定向校验，标记校验时间并对校验次数加 1。

假定一共有 12 路移动瓦斯检测仪同时到达固定瓦斯检测仪附近，为了简单起见，假设这 12 路移动瓦斯检测仪在随后移动过程中都同步到达其他固定瓦斯检测仪。图 4-11 所示为根据 12 路移动瓦斯检测仪监测到的数据，利用所设计的算法，对移动瓦斯传感器进行修正的情况。其中，图（a）为其中 6 路移动瓦斯检测仪和 1 路固定瓦斯检测仪监测到的瓦斯曲线。图（b）为另外 6 路移动瓦斯检测仪监测到的瓦斯曲线。分析时利用短时瓦斯流模糊 C 均值聚类算法对 13 路数据聚类，选择公共瓦斯平稳状态曲线作为后续分析的基础。根据聚类结果，选择存储样本数为 72～111 瓦斯序列进行分析，因此本例中 $N=50$，$m=12$。图（c）为根据公式计算出的置信度，若选择 $C_{\min}=0.4$，则第 3，4，8 三路瓦斯传感器都需要校正。图（d）为瓦斯检测仪的校验偏移量，根据图中计算结果，三路瓦斯传感器的校验偏移量分别为 -0.029，-0.035 和 -0.107。校验情况与瓦斯实际曲线相符。

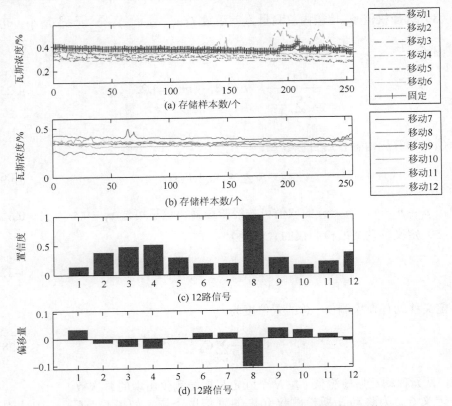

图 4-11　基于分簇的自适应加权数据融合算法的瓦斯数据修正

2. 单传感器多测量周期的可信度融合算法

同一移动瓦斯检测仪,在不同时刻到达不同固定瓦斯检测仪附近,形成瓦斯检测数据对,如图 4-12 所示,形式化为

$$s_{ik} = \{(x_{ik}, y_{ik}, t_k, p_k) \mid k = 1, 2, \cdots, N\}, \quad i = 1, 2, \cdots, M \tag{4-29}$$

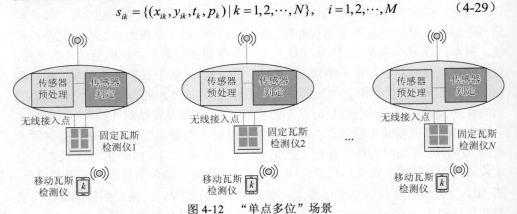

图 4-12　"单点多位"场景

式中，x_{ik} 和 y_{ik} 分别为移动瓦斯检测仪 i 在固定瓦斯检测仪 k 处移动瓦斯检测仪和固定瓦斯检测仪各自瓦斯测量值；t_k 为数据测量时间；p_k 为测量地点标识。传感器预处理单元采用单传感器多测量周期的可信度融合算法，具体如下。

（1）随机选择包含 N 个固定瓦斯检测仪的瓦斯检测数据对，形成待测集合 X，计算集合中移动瓦斯检测仪与固定瓦斯检测仪检验的瓦斯数据估计值：

$$\hat{x}_{ik} = p_1 x_{ik} + p_2 y_{ik} \tag{4-30}$$

式中，$p_1 + p_2 = 1$。p_1、p_2 的取值可按经验选择，这里可选 $p_1 = 0.4$，$p_2 = 0.6$。

（2）定义移动瓦斯检测仪 i 在固定瓦斯检测仪 k 处的置信度：

$$C_{ik} = \frac{|x_{ik} - \hat{x}_{ik}|}{\hat{x}_{ik}}, \quad i=1,2,\cdots,M; k=1,2,\cdots,N \tag{4-31}$$

（3）定义移动瓦斯检测仪 i 总的置信度为

$$C_i = \frac{1}{P} \sum_{k=1}^{P} C_{ik} \tag{4-32}$$

式中，P 为在集合 X 中包含移动瓦斯检测仪 i 的总次数。

定义 $C_{\min}$ 为移动瓦斯检测仪允许的置信度下限，如果 $C_i > C_{\min}$，则认为第 i 个移动瓦斯检测仪需要校验。选取 $C_i > C_{\min}$ 所对应的移动瓦斯传感器集合，计算 $x_{ik} - \hat{x}_{ik}$ 的算术平均值作为移动瓦斯检测仪 i 的校验偏移量，下发广播消息通过环网和固定无线接入点对移动瓦斯传感器 i 进行定向校验，标记校验时间并对校验次数加 1。如果发现同一时间段内，移动瓦斯传感器 i 已进行过校验，则本次校验作废。

按照上述原理，解决了移动检测数据的置信度、校验，以及多瓦斯传感器下数据处理及判决方法。

采用单传感器多测量周期的可信度融合算法对上述 12 路移动瓦斯检测仪监测数据进行校正，仿真结果与图 4-11 相同。

3. 两种算法之间的关系

基于分簇的自适应加权数据融合算法与单传感器多测量周期的可信度融合算法可相互转化。

定理 4.1　单传感器多测量周期的可信度融合算法是基于分簇的自适应加权数据融合算法当簇内移动瓦斯检测仪数 $m=1$ 时的特例。

证明　令 $m=1$，根据式（4-23），移动瓦斯检测仪测量的瓦斯数据估计值 $\bar{x}_k = \frac{1}{m} \sum_{i=1}^{m} x_{ik} = x_{ik}$，每一个移动瓦斯检测仪的检测方差 $\sigma_{ik}^2 = (x_{ik} - \bar{x}_k)^2 = 0$，相应的加权因子 $w_{ik} = 1$。因此，簇内融合后目标参量为

$$\hat{x}_k = p_1 \sum_i w_{ik} x_{ik} + p_2 y_k = p_1 w_{ik} + p_2 y_k$$

式中，$p_1 + p_2 = 1$。与单传感器多测量周期的可信度融合算法中的式（4-30）相同。定理得证。

定理 4.1 说明，基于分簇的自适应加权数据融合算法与单传感器多测量周期的可信度融合算法等效。

4.2.2　修正信息下发与机会通信

移动瓦斯检测仪的校验偏移量以广播的形式通过环网和固定无线接入点下发，各个移动瓦斯检测仪接收到自己的校验信息后上报确认信息，修正瓦斯监测量输出，标记校验时间并对校验次数加 1。如果发现同一时间段内，移动瓦斯传感器已进行过校验，则本次校验作废。

因为矿工的随机行走，不能严格保证矿工时刻都能接入网络，当矿工未接入网络时，校验信息的下发不能被正确接收。

考虑矿工作为社会人的"驱群性"，可以利用矿工移动带来的相遇机会实现通信。图 4-13 所示为机会网络通信示意图[101]。t_1 时刻固定无线接入点 S 希望将校验信息传输给移动瓦斯检测仪 D，但由于 D 未接入网络，S 和 D 位于不同连通域而没有通信路径，因此 S 首先将数据打包成消息发送给节点 1 和节点 2，由于节点 2 并没有合适的机会转发给 D，它将消息在本地存储并等待传输的机会，经过一段时间到达 t_2 时刻，由于节点 D 的"驱群性"，节点 D 运动到节点 2 的通信范围，节点 2 将数据转发给节点 D，完成数据传输。

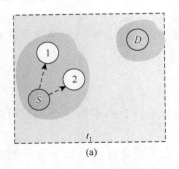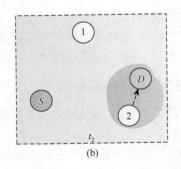

图 4-13　机会网络通信

机会网络的部分概念来源于早期的延迟容忍网络，解决具有间歇性连通、延迟大、错误率高等通信特征网络的互联和互操作[102, 103]。

基于机会通信的修正信息机会转发机制描述如下。

（1）移动瓦斯检测仪对接收到的修正信息以"存储-携带-转发"的模式工作，并随着当前节点的移动等待合适的转发机会。

（2）节点转发采用主动运动的转发机制。基于间断性连通的通信方式，相邻的移动瓦斯检测仪间的信息传递机会往往远高于不相邻的节点，因此位于丢失节点最后一次在网处无线接入点附近的移动瓦斯检测仪主动移动为丢失节点提供通信服务。

（3）丢失节点在收到修正信息后，将确认信息通过网络补报，本次机会转发结束。

通过机会通信实现瓦斯校准信息下发，保证了瓦斯调校信息下发的有效性。

第 5 章　矿山设备多通道测量数据处理技术

矿山设备的正常运转对矿山运作影响巨大，一旦发生故障就会引起设备失效，进而影响矿山正常运作，因此故障的分类识别显得尤为重要。矿山机械设备状态监测和故障诊断是一个融合矿山机械、电子、力学等多种学科于一身的交叉学科。诊断技术的三个核心步骤是信号采集、特征提取和模式识别。对故障信号进行时、频域多维特征提取可完整描述不同故障模式，但高维特征向量存在的冗余信息会造成维数灾难问题，增大后续计算时间，而且每个特征因子对故障诊断的影响不同，有些因子关系非常重要，而有些因子可以忽略，所以在故障分类之前有必要选择出主要的特征因子。由此可见，通过特征提取方法进行特征筛选是模式识别的重要组成部分，而将筛选后的特征信息用于故障的识别进而对症下药是利用测量数据的最后一步。

5.1　矿山多通道监测数据特征提取

数据采集技术是信息科学的一个重要分支，它研究信息数据的采集、存储、处理及控制等工作。随着信息技术的发展，矿山设备监测所涉及的测量信号和信号源的类型越来越多，对测量的要求也越来越高，因此人们逐渐开始使用应用范围广、性价比高的多通道数据采集系统。目前多通道数据采集系统的研究主要集中在数据传输的同步性、系统容量及低能耗等方面。

对于采集到的大量数据，如何从中提取出相对重要的特征信息是进行数据分析的第一步。以故障诊断系统的设计为例，利用具有显著差异且不冗余的特征所构造的分类器将具有较好的分类性能和效率。

5.1.1　特征提取技术研究现状

由于直接采集的数据包含环境噪声以及与分析目标无关的信息，为了减小误差、提高诊断精度，需要对监测数据进行预处理并提取特征。信号的预处理主要包括对数据的归一化处理和去除数据中的"野点"[104]。特征提取是利用各种线性或非线性变换将原始数据映射为不同的表征，从而去除噪声的干扰，并从不同的角度来解释设备状态的变化。映射方法的多样化决定了特征通常是多维的，为了兼顾计算效率和对设备状态的全面描述，在实际进行建模和分析前可以对特征进行约减[105]。

　　通过对设备的运行状态进行监测可以获得多种观测信号，包括振动和声信号、超声波信号、电流信号、光学信号等，这些信号都可用于故障诊断。其中，振动和声信号由于采集的便利性以及理论的完备性，被广泛地用于设备故障诊断领域。最近几十年已有大量的文献介绍了海量的特征提取方法，按照分析域划分方法，这些特征提取方法大致归为三类：时域分析、频域分析和时频分析[106]。

　　时域分析是指直接从时域数据提取特征的方法。传统的时域分析方法给出了对时域波形的描述性统计，这些特征包括均值、标准差、峰值、峰峰值、波形因子、脉冲因子、裕度因子，以及一些高阶统计量如有效值、歪度（三阶中心距）和峭度（四阶中心距）等，这些特征通常被称为时域特征，描述了设备状态随时间的变化，因此被广泛用于故障诊断。时域同步平均也是一种有效的时域分析方法，该方法能有效降低信号噪声。丁康等将其用于对齿轮信号的特征提取[107]。时间序列模型是一种基于时间序列的参数化建模方法，基于此参数化模型能够进行特征的提取。

　　频域分析将时域信号变换到频域，从而得到了信号在分析带宽内的各个频率成分。Cooely-Tukey 提出的快速傅里叶变换是最常用的频谱计算方法。Hilbert 变换作为包络分析的有力工具，也被用于设备故障的检查和诊断，对时域包络信号进行 FFT 得到的包络谱对于提取设备的低频故障特征是非常有效的，因此常被用于轴承和齿轮等设备的故障诊断。Randall 等计算了频谱的峭度变化，从而得到了谱峭度（spectral kurtosis，SK）指标，并将该方法成功地用于设计自适应滤波器以及轴承的故障诊断[108]。Combet 等将 SK 指标用于齿轮信号的优化滤波器设计，并对齿轮的早期故障进行了诊断[109]。除 FFT 外，功率倒谱也常被用于盲故障识别和故障诊断。

　　频域分析的一个缺点在于不能处理非平稳信号，而时频分析则能有效提取非平稳信号的特征。很多时频分析方法都在机械故障诊断中得到应用，线性时频表示是最常用的一类时频分析方法，主要包括短时傅里叶变换（short time Fourier transform，STFT）和小波变换。虽然受海森伯测不准原理的限制，STFT 不能同时提高时域和频域的分辨率，但是此方法也具有不受干扰项影响的优点。

　　除了以上三类特征提取方法，其他的方法如信息熵、循环平稳分析和稀疏分解等也常被用于机械设备故障的特征提取。

5.1.2　多通道数据时频域分析

　　将多通道数据采集系统获得的数据按通道数进行单独特征提取，通过从监测信号中提取有用信息，去除冗余，能够有效地评估设备的运行状态。对于振动信号，部分常用特征如表 5-1 所示。

表 5-1　部分特征参数表达式

特征	特征表达式
时域平均值	$P = \dfrac{\sum\limits_{i=1}^{N} x(i)}{N}$
时域最小值	$P = \min \lvert x(n) \rvert$
偏度	$P = \dfrac{\sum\limits_{i=1}^{N}(x_i - \mu_x)^3}{N\sigma_x^3}$
形状指标	$P = \dfrac{\sqrt{\dfrac{1}{N}\sum\limits_{i=1}^{N}(x_i)^2}}{\dfrac{1}{N}\sum\limits_{i=1}^{N} \lvert x_i \rvert}$
时域曲线积分	$P = \displaystyle\int_A^B \mathrm{d}s \approx \sum_{i=1}^{N} \lvert x(i+1) - x(i) \rvert$
峰值因子	$P = \dfrac{\max \lvert x_i \rvert}{\sqrt{\dfrac{1}{N}\sum\limits_{i=1}^{N}(x_i)^2}}$
频域面积分	$G = \displaystyle\int_f s(f)\mathrm{d}f$
频域曲线积分	$G = \displaystyle\int_a^b \mathrm{d}l \approx \sum_{i=1}^{N} \lvert s(i+1) - s(i) \rvert$
时域最大值	$P = \max \lvert x(n) \rvert$
时域均方根	$P = \sqrt{\dfrac{\sum\limits_{i=1}^{N} x_i^2}{N}}$
峰度	$P = \dfrac{\sum\limits_{i=1}^{N}(x_i - \mu_x)^4}{N\sigma_x^4}$
脉冲指标	$P = \dfrac{\max \lvert x_i \rvert}{\sqrt{\dfrac{1}{N}\sum\limits_{i=1}^{N} \lvert x_i \rvert}}$

特征	特征表达式
频域均方根	$P = \sqrt{\dfrac{\sum\limits_{i=1}^{N} s_i^2}{N}}$
时域标准差	$P = \sqrt{\dfrac{\sum\limits_{i=1}^{N}\left(x(i) - \dfrac{\sum\limits_{i=1}^{N} x(i)}{N}\right)^2}{N}}$
频域标准差	$P = \sqrt{\dfrac{\sum\limits_{i=1}^{N}\left(s(i) - \dfrac{\sum\limits_{i=1}^{N} s(i)}{N}\right)^2}{N}}$
频域幅值求和	$P = \sum\limits_{i=1}^{N} s(i)$

5.1.3　小波变换

傅里叶变换采用三角函数作为基底，将时域信号映射到频域上，反映出信号中包含的不同频率的正弦信号成分的分量。从变换后的结果可以清晰地看出信号的频率成分。

但是傅里叶变换存在一个严重的不足：信号的时域特性和频域特性是完全剥离的。为了弥补这个缺陷，从傅里叶变换出现以来，后人尝试了很多方法进行改进，先后出现了短时傅里叶变换、小波变换。小波变换是信号时频分析的一种形式。小波变换的出现，无论在理论上还是应用上，都为数字信号处理领域注入了新的动力，开辟了新的方法。

矿山设备运行时的声学信号是典型的非平稳信号。当设备发生故障时，信号表现出幅值、频率等特性上的突变。这种特性信号的分析正是小波变换分析的强项。

1. 小波变换基本原理

为了改善信号处理的时频特性，在信号平缓的部分提高时间分辨率，在信号变化剧烈的部分提高频率分辨率，小波变换引进了伸缩因子和平移因子，把小波函数 $\psi(t)$ 拉伸和平移，形成函数族，即

$$\psi_{a,b}(t) = \frac{1}{\sqrt{a}}\psi\left(\frac{t-b}{a}\right), \quad a,b \in \mathbf{R}; a \neq 0 \tag{5-1}$$

则函数 $f(t) \in L^2(\mathbf{R})$ 的小波变换为

$$W_f(a,b) = |a|^{-1/2}\int_{-\infty}^{+\infty} f(t)\psi^*\left(\frac{t-b}{a}\right)\mathrm{d}t \tag{5-2}$$

小波反变换为

$$f(t) = \frac{1}{C_\psi}\int_{-\infty}^{+\infty}\int_{-\infty}^{+\infty}\frac{1}{a^2}W_f(a,b)\frac{1}{\sqrt{a}}\psi\left(\frac{t-b}{a}\right)\mathrm{d}a\mathrm{d}b \tag{5-3}$$

式中，$C_\psi = \int_{-\infty}^{+\infty}\frac{|\hat{\psi}(\omega)|^2}{\omega}\mathrm{d}\omega < \infty$，$\hat{\psi}(\omega)$ 为 $\psi(t)$ 的傅里叶变换。

除小波函数外，还有一个函数在小波变换中起着重要的作用，就是尺度函数 $\varphi(t)$。小波函数可由高通滤波器构造，反映信号的细节信息，也称为母小波；尺度函数则由低通滤波器实现，反映信号的低频信息，也称为父小波，可以作为母函数进行下一级的小波变换。

这两个函数生成了小波变换和小波反变换的函数族。

傅里叶变换的基函数为正弦函数。小波变换并未指定小波基函数 $\psi(t)$ 的具体形式。小波函数 $\psi(t)$ 需要在小波约束条件下，根据信号的具体形式进行设计。

2. 基于小波变换的矿山设备故障特征提取

小波变换由于其在非平稳信号处理中表现出独特的优越性，在故障诊断系统中有着广泛的应用。基于小波变换的矿山设备故障特征提取充分利用了其随伸缩因子 a 和平移因子 b 变化的时域、频域分辨能力。

采用 Mallat 算法进行二维小波变换，变换公式为

$$\begin{aligned} C_{j,k} &= \sum_n h_{n-2k}C_{j-1,n} \\ D_{j,k} &= \sum_n g_{n-2k}C_{j-1,n} \end{aligned}, \quad j = 1,2,\cdots,J \tag{5-4}$$

式中，$C_{j,k}$ 表示信号中低频分量（平滑信号）；$D_{j,k}$ 表示信号中高频分量（细节信号）；h_n 为低通滤波器的单位冲激响应，可以理解为尺度函数；g_n 为带通滤波器的单位冲激响应，可以理解为小波函数。式（5-4）可以理解为信号中低频分量（平滑信号）与尺度函数和小波函数的卷积。

信号重构公式可表示为

$$C_{j-1,k} = \sum_n h_{k-2n}C_{j,n} + g_{k-2n}D_{j,n}, \quad j = J, J-1, J-2, \cdots, 1 \tag{5-5}$$

离散小波变换 Mallat 算法流程图如图 5-1 所示。其中，wlen 为小波长度，m 为小波分解级数。

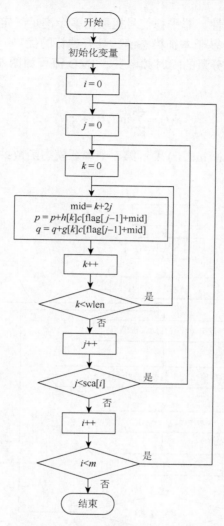

图 5-1　离散小波变换 Mallat 算法流程图

5.1.4　希尔伯特-黄变换理论

1998 年，Huang 等提出经验模态分解（EMD）的概念，并将之与希尔伯特变换理论相结合，引入希尔伯特谱的概念和希尔伯特谱分析的方法，从频谱的概念展示原信号的特质，该过程称为希尔伯特-黄变换（HHT）。

1. EMD 基本概念

EMD 是 HHT 的核心算法，可以将其看做一个"筛选"过程，其能够依据信号特点自适应地将非线性、非平稳信号提取出多个满足一定条件的本征模态函数（IMF）和一个残余项，基于本征模态函数具有独特的优势，可以对其进行希尔伯特变换，进而求解出各分量的瞬时频率义。EMD 流程如图 5-2 所示。原信号经过分解后可以表达为

$$x(t) = \sum_{k=1}^{n} \mathrm{imf}_k(t) + r_n(t) \tag{5-6}$$

式中，$x(t)$ 表示原信号；$\mathrm{imf}_k(t)$ 表示第 k 个本征模态函数；$r_n(t)$ 表示残余项（也称为趋势项）。

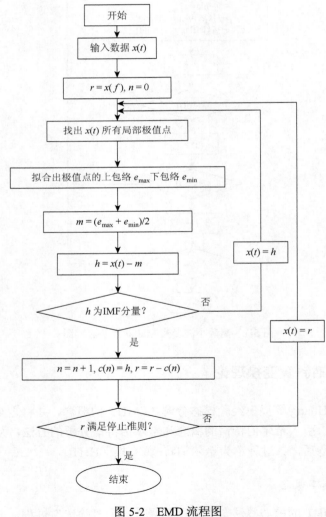

图 5-2 EMD 流程图

IMF 严格定义了以下两个基本条件：

（1）在整个数据集中，信号极值点的数目与过零点数目必须相差不大于 1；

（2）在任何时刻，由信号极大值构造的上包络线和由极小值构造的下包络线的均值在局部为零。

2. IMF 筛选准则

在 EMD 过程中使用不同的 IMF 筛选停止准则，将会得到不同的 IMF 集，那么，需要根据数据的特征选取合适的停止准则。目前，筛选过程中判断分量是否属于 IMF 主要的判断准则有柯西准则、中值准则、固定筛选次数标准。其中，柯西准则最初由 Huang 在 1998 年提出，标准差（SD）的定义如式（5-7）所示，每次求出的 $h_k(t)$ 都与上次求出的 $h_{k-1}(t)$ 函数进行对比判断。中值准则由 Flandrin 于 2004 年提出，将筛选停止准则定义为由信号极值定义的上下包络线的均值，当 SD 小于预定值时，筛选过程停止。

$$\text{SD} = \sum_{t=0}^{T} \frac{(h_{k-1}(t) - h_k(t))^2}{h_{k-1}^2(t)} \tag{5-7}$$

目前，对于筛选准则还未定义统一严格的数学标准，但是它们都是经过研究学者不断实践磨砺得到的实用方法准则，使得各分量尽可能接近 IMF 的基本定义。对于制定具有理论支撑的筛选准则，仍然是 HHT 的一个意义重大的研究方向。

3. 基于 HHT 的故障特征提取

首先对采样得到的声音信号进行 EMD。然后对求得各阶的 IMF 进行希尔伯特变换，得到信号时频分析谱。

5.1.5　信息与熵

自香农提出信息论以来，信息论得到了不断的完善和发展。众所周知，信源输出的消息或符号，对于发送者是已知的，但对于通信系统和接收者是不确定的。信源消息的出现，或者说发送者选择哪个消息，具有一定的不确定性，要描述一个离散随机变量构成的离散信源，就是规定随机变量 X 的取值集合 $A = \{a_1, a_2, \cdots, a_q\}$ 及其概率测度 $p_i = P(X = a_i)$，矩阵表示为

$$\begin{cases} [A, p_i] = \begin{bmatrix} a_1 & a_2 \cdots a_q \\ p_1 & p_2 \cdots p_q \end{bmatrix} \\ \sum_{i=1}^{q} p_i = 1 \end{cases} \tag{5-8}$$

一般情况下，我们用概率的倒数对数函数来表示某一事件（某一符号）出现所带来的信息量。每个符号的自信息量可表示为

$$I(a_i) = \log \frac{1}{p_i} \qquad (5\text{-}9)$$

符号集的平均信息量就用信息熵来度量。

$$H(X) = E\left(\log \frac{1}{p_i}\right) = \sum_i p_i \log \frac{1}{p_i} = -\sum_i p_i \log p_i \qquad (5\text{-}10)$$

对于连续的信息源或连续随机变量 X，设其概率密度分布函数为 $p(X)$，则其信息熵可以表示为

$$H(X) = -\int_{-\infty}^{+\infty} p(X) \log(p(X)) \mathrm{d}X = -E[\log(p(X))] \qquad (5\text{-}11)$$

信息熵可以衡量数据分布的混乱程度或分散程度。分布越分散（或者说分布越平均），信息熵就越大。分布越有序（或者说分布越集中），信息熵就越小。因此可以作为矿山设备监测中的一个观测指标。

实验表明，幅值谱熵作为状态监测指标是工程中最为经常采用的方式，其表征了信号在各个频率成分处的能量分布。假定信号的幅值谱为 $X(i)(i = 1, 2, \cdots, N)$，那么幅值谱熵的计算如下：

$$\begin{cases} H_s = -\left(\sum_{i=1}^{N} p_i \ln(p_i)\right) \Big/ \ln N \\ p_i = X(i) \Big/ \sum_{j=1}^{N} X(j) \\ \sum_{i=1}^{N} p_i = 1 \end{cases} \qquad (5\text{-}12)$$

式中，H_s 为信号的幅值谱熵。幅值谱熵描述了信号频谱的复杂程度，概率 p_i 表达了第 i 个频率成分在全频带上的比例，并且 $P = \{p_1, p_2, \cdots, p_N\}$ 仅依赖于信号的频率分布。当幅值谱均匀分布时（如低信噪比信号），$p_1 = p_2 = \cdots = p_N = 1/N$，幅值谱熵能取得最大值 1。而如果信号集中在某几个频率成分，则幅值谱熵约等于 0。与信息熵类似，幅值谱熵的取值范围是[0, 1]。

5.1.6 Mel 倒谱系数

不同于振动信号，声音监测和诊断技术是近年来发展起来的新技术，通过对设备部件由变形、剥落或裂纹等原因产生的弹性波进行监测来实现对轴承工况的诊

断。类比于振动信号的特征提取，声音信号波形同样蕴藏着特有的信息，当然也存在着特有的特征提取方法。Mel 倒谱系数（MFCC）将人耳的听觉感知特性和语音的产生机制相结合，经常被用于噪声特性分析，MFCC 特征提取包括分帧、预处理、离散傅里叶变换（DFT）、Mel 带通滤波、离散余弦变换（DCT）等步骤[110]。图 5-3 所示为 MFCC 特征提取流程。

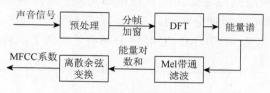

图 5-3　MFCC 特征提取流程

物理频率与 Mel 频率之间的关系如式（5-13）所示：

$$\mathrm{Mel}(f) = 2595 \times \lg(1 + f / 700) \tag{5-13}$$

算法具体步骤如下。

（1）对噪声信号进行分帧、预处理（加窗、预加重），预处理的目的是补偿分帧所造成的信息损失，加窗时使用汉明窗。

（2）对预处理后的每帧信号进行离散傅里叶变换。设预处理后的时域信号为 $s(n)$，DFT 后的频域信号 $S(k)$ 可表示为

$$S(k) = \sum_{n=0}^{N-1} s(n)\mathrm{e}^{-\mathrm{j}2\pi nk/N}, \quad 0 \leqslant k \leqslant N-1 \tag{5-14}$$

（3）求 $S(k)$ 的平方，得到能量谱，再使用 M 个 Mel 带通滤波器进行滤波，第 m 个滤波器的传递函数为

$$H_m(k) = \begin{cases} 0, & k < f(m-1) \\ \dfrac{2(k - f(m-1))}{(f(m+1) - f(m-1))(f(m) - f(m-1))}, & f(m-1) \leqslant k \leqslant f(m) \\ \dfrac{2(f(m+1) - k)}{(f(m+1) - f(m-1))(f(m+1) - f(m))}, & f(m) \leqslant k \leqslant f(m+1) \\ 0, & k > f(m+1) \end{cases} \tag{5-15}$$

式中，$\sum_{m}^{M-1} H_m(k) = 1$；$f(m)$ 是三角滤波器的中心频率。

（4）计算每个滤波器组的对数能量。第 m 个滤波器组的对数能量为

$$S(m) = \ln\left(\sum_{k=0}^{N-1} |X(k)|^2 H_m(k)\right), \quad 0 \leqslant m < M \tag{5-16}$$

（5）经离散余弦变换即可得到 MFCC：

$$C(n) = \sum_{m=0}^{M-1} S(m)\cos[\pi n(m+0.5)/M], \quad 0 \leqslant n < M \tag{5-17}$$

式中，M 为 Mel 滤波器的个数，也是 MFCC 特征的维数。

图 5-4 所示为利用 MFS-MG2010 机械故障实验台采集的轴承外圈故障和滚珠故障其噪声一维 MFCC 特征分布图。其中，电机转速为 1800r/min，噪声采样率为 44100Hz。由图可见，噪声 MFCC 特征分布有效实现了两种状态区分。

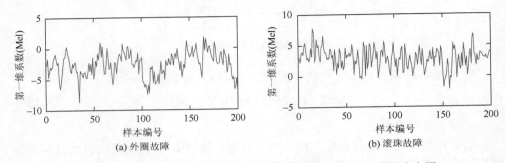

图 5-4　外圈故障和滚珠故障两种状态噪声第一维 MFCC 特征分布图

5.2　矿山多通道监测数据融合与特征降维

5.2.1　基于多通道监测数据信息融合

在故障诊断过程中，为了提高诊断的精度和可靠性，通常会使用多个传感器对监测对象的实时状态进行数据采集。与单传感器相比，通过对多通道数据的信息融合，能增强数据的可信度和鲁棒性，进而提高诊断系统的精度和可靠性。在使用多传感器数据进行故障诊断时，由于不同通道间的数据具有多样性和复杂性，有时可能是矛盾甚至冲突的，因此选择合适的融合算法一直是多传感器系统的核心问题。

信息融合是利用融合算法对被测对象的多种信息源进行加工、协调和优化，从而实现对不同信息源间的冗余去除或信息互补，最终获得对被测对象的一致性解释或描述框架，该框架能最大限度地获得具有相关和集成特性的融合信息。多传感器信息融合是一种多层次、多信息源的处理方法，包括对数据、信息和知识的分析和综合处理。按照融合信息的层次结构可以划分为数据层融合、特征层融合和决策层融合。

数据层融合是直接在采集原始数据层上进行融合，在各种传感器输出的原始数据未经预处理之前就进行数据的综合和分析，即最低层的融合；特征层融合是对来自传感器的原始信息进行特征提取，并对特征信息进行综合分析和处理，它属于中间层融合；决策层融合是充分利用特征层融合所提取的测量对象的各类特征信息，采用相应的融合技术来实现数据的融合，最终为指导与控制决策提供可靠的依据，它是高层次的融合。

数据级信息融合对数据采集的同步性和融合纠错能力要求较高，并且数据通信的信息量大、效率低，因此很少使用。

5.2.2　信息融合分类

1. 加权平均法

信号级融合方法最简单、最直观的方法是加权平均法，该方法将一组传感器提供的冗余信息进行加权平均，结果作为融合值，该方法是一种直接对数据源进行操作的方法。

2. 卡尔曼滤波法

卡尔曼滤波法主要用于融合低层次实时动态多传感器冗余数据。该方法用测量模型的统计特性递推，决定统计意义下的最优融合和数据估计。如果系统具有线性动力学模型，且系统与传感器的误差符合高斯白噪声模型，则卡尔曼滤波法将为融合数据提供唯一统计意义下的最优估计。卡尔曼滤波法的递推特性使系统处理不需要大量的数据存储和计算。但是，采用单一的卡尔曼滤波器对多传感器组合系统进行数据统计时，存在很多严重的问题，例如：①在组合信息大量冗余的情况下，计算量将以滤波器维数的三次方剧增，实时性不能满足；②传感器子系统的增加使故障随之增加，在某一系统出现故障而没有来得及被检测出时，故障会污染整个系统，使可靠性降低。

3. 多贝叶斯估计法

多贝叶斯估计为数据融合提供了一种手段，是融合静环境中多传感器高层信息的常用方法。它使传感器信息依据概率原则进行组合，测量不确定性以条件概率表示，当传感器组的观测坐标一致时，可以直接对传感器的数据进行融合，但大多数情况下，传感器测量数据要以间接方式采用贝叶斯估计进行数据融合。

多贝叶斯估计将每一个传感器作为一个贝叶斯估计，将各个单独物体的关联概率分布合成一个联合的后验的概率分布函数，通过求解使联合分布函数的似然函数最小的解，提供多传感器信息的最终融合值，融合信息与环境的一个先验模型提供整个环境的一个特征描述。

4. D-S 证据推理方法

D-S 证据推理是贝叶斯推理的扩充，其三个基本要点是：基本概率赋值函数、信任函数和似然函数。D-S 证据推理方法的推理结构是自上而下的，分三级。第 1 级为目标合成，其作用是把来自独立传感器的观测结果合成为一个总的输出结果（ID）。第 2 级为推断，其作用是获得传感器的观测结果并进行推断，将传感器观测结果扩展成目标报告。这种推理的基础是：一定的传感器报告以某种可信度在逻辑上会产生可信的某些目标报告。第 3 级为更新，各种传感器一般都存在随机误差，所以，在时间上充分独立的来自同一传感器的一组连续报告比任何单一报告可靠。因此，在推理和多传感器合成之前，要先组合（更新）传感器的观测数据。

5. 模糊逻辑推理

模糊逻辑是多值逻辑，通过指定一个 0～1 的实数表示真实度，相当于隐含算子的前提，允许将多个传感器信息融合过程中的不确定性直接表示在推理过程中。如果采用某种系统化的方法对融合过程中的不确定性进行推理建模，则可以产生一致性模糊推理。与概率统计方法相比，逻辑推理存在许多优点，它在一定程度上克服了概率论所面临的问题，它对信息的表示和处理更加接近人类的思维方式，它一般比较适合于在高层次上的应用（如决策），但是，逻辑推理本身还不够成熟和系统化。此外，由于逻辑推理对信息的描述存在很大的主观因素，因此信息的表示和处理缺乏客观性。

模糊集合理论对于数据融合的实际价值在于它可以外延到模糊逻辑，模糊逻辑是一种多值逻辑，隶属度可视为一个数据真值的不精确表示。在多传感器信息融合（MSF）过程中，存在的不确定性可以直接用模糊逻辑表示，然后，使用多值逻辑推理，根据模糊集合理论的各种演算对各种命题进行合并，进而实现数据融合。

5.2.3　特征降维

信号时域或频域特征从不同角度描述了轴承状态的变化，因此在特征提取阶段总希望获取尽可能多的特征参数。但是特征参数的增加在进行故障识别时也会降低故障识别模型的效率，并且不同特征之间也可能存在信息重叠，因此需要对提取的多维特征进行约减。

特征约减的基本问题是：假定高维空间 $\mathbf{R}^n$ 中数据集为 $\{x_1, x_2, \cdots, x_m\}$，则求一

个转换矩阵 A 将数据集映射到低维空间 $\mathbf{R}^l$ $(l \ll n)$，约减后的数据集变为 $\{y_1, y_2, \cdots, y_m\}$，并且 $y_i = A^{\mathrm{T}} x_i$，新的数据集能够代表原数据集。

1. 主成分分析

主成分分析（principle component analysis，PCA）是一种常用的特征约减方法，它通过对多维数据集的协方差结构进行分析，寻找几个主要成分来代表原先的多维特征向量[111]。其基本思想是通过正交变换，将数据映射到新的投影空间，新空间中数据被映射到方差最大的方向。PCA 将数据投影后具有最大方差的映射当作主元，而与之正交的方差较小的映射则被认为是噪声[112]。通过在多维特征空间中寻找不同的正交基，就可以得到多个代表原数据集的成分。

假定已知一组代表 n 维指标的向量 $a_1, a_2, \cdots, a_n$，则 $A = \{a_1, a_2, \cdots, a_n\}, A \subset \mathbf{R}^{m \times n}$ 构成了数据集并且每个向量有 m 个样本。记数据集 $B = \{a_1, a_2, \cdots, a_n\}^{\mathrm{T}} = \{b_1, b_2, \cdots, b_m\}, B \subset \mathbf{R}^{n \times m}$，那么主成分的计算过程如下。

（1）将每个指标的所有样本分别进行标准化处理以降低不同指标的数据量纲对数据提取的影响。

$$x_i = \frac{B - \mu}{S} \tag{5-18}$$

式中，μ 和 S 分别表示第 i 指标所有样本的均值和标准差，并且

$$\mu = \frac{1}{m} \sum_{i=1}^{m} b_i \tag{5-19}$$

$$S = \sqrt{\frac{1}{m-1} \sum_{i=1}^{m} (b_i - \mu)^2} \tag{5-20}$$

标准化后的数据矩阵记为 X，即 $X = \{x_1, x_2, \cdots, x_m\}, X \subset \mathbf{R}^{n \times m}$。

（2）计算标准化后的数据集的协方差，并求解特征值和特征向量。

$$\mathrm{Cov} = \frac{1}{m-1} \sum_{i=1}^{m} x_i^{\mathrm{T}} x_i = \frac{1}{m-1} X^{\mathrm{T}} X = (\mathrm{Cov}_{ij})_{n \times n} \tag{5-21}$$

（3）计算协方差矩阵的特征值和特征向量，由于协方差矩阵的半正定性，因此必然存在另一组相似对角矩阵，而问题转变为求解两组基的变换矩阵问题，即

$$\lambda_i u_i = C u_i \tag{5-22}$$

式中，$\lambda_i(i=1, 2,\cdots,n)$ 是协方差矩阵的特征值；u_i 是对应的特征向量。由于协方差矩阵包含所有观测指标间的相关性度量，对角线上元素值越大则表明该指标越重要，而元素越小则表示噪声越大或是次要变量。而且这种重要性也与特征值的大小一致，因此将非零的特征值按降序排列 $(\lambda_1 > \lambda_2 > \cdots > \lambda_l, l \leqslant n)$，并将特征向量进行正交化处理，得到正交化的特征向量 $\alpha_1, \alpha_2, \cdots, \alpha_l$。

（4）计算贡献率。由于特征的重要程度可以通过各个特征值的大小确定，那么前 k 个特征的累计贡献率可以表示为

$$\theta = \frac{\sum_{i=1}^{k} \lambda_i}{\sum_{j=1}^{l} \lambda_j} \tag{5-23}$$

通常累计贡献率要求大于 85%。通过累计贡献率就可以确定需要选择的特征阶数 k 及对应的特征向量 $\alpha_1, \alpha_2, \cdots, \alpha_k (k \leqslant l)$。

（5）构造新的主成分特征。

$$Y = X\alpha \tag{5-24}$$

新的特征向量 $Y = \{y_1, \cdots, y_m\}, Y \subset \mathbf{R}^{m \times k}$ 就可以作为降维后的特征。其中前 k 个主成分能够提供原始数据的绝大部分特征信息，因此实现了特征维度的约减，即 $\mathbf{R}^n \to \mathbf{R}^k$。

PCA 是一种无监督特征约减算法，因此不需要预先输入先验知识。而且 PCA 利用了数据集的统计性质进行特征空间变化，可在很少损失数据集信息的条件下降低数据的维度。但 PCA 是基于高斯假设的，是一种线性的方法，每个主成分都是原始变量的线性组合，其目标是映射后保留方差最大方向上的主成分，因此可以得到一个保留了数据集全局结构特征的紧凑子空间，但是无法保留非线性数据中的非线性结构，在对存在非线性结构的数据进行约减时，PCA 往往不能取得较好的结果。这类数据通常需要利用非线性的特征约减方法来进行处理，例如，基于核函数的核主成分分析以及从非线性流行算法发展而来的局部保持投影算法等。

2. 核主成分分析

核主成分分析（kernel principle component analysis，KPCA）是 Schlokopf 等提出的一种非线性主成分分析法[113]，它借助于核函数的非线性映射能力，将低维输入数据空间映射到高维特征空间，并在高维特征空间中使用主成分分析，从而有效地解决非线性数据集的约减问题。KPCA 的关键在于引入了核函数，将高维特征空间内积运算变为原始数据空间的核函数计算，从而大大提高了计算

效率。

与 PCA 方法类似，假设已知标准化后的 n 维原始数据 $X = \{x_1, x_2, \cdots, x_m\}$，$X \subset \mathbf{R}^{n \times m}$，那么对于其中任意一个数据样本，可以定义非线性映射 ϕ，$\phi : x_i \to \phi(x_i)(i = 1, \cdots, m)$，将数据从原始空间 $\mathbf{R}^n$ 投影到高维空间 F，新的数据集记为 $M = \{\phi(x_1), \phi(x_2), \cdots, \phi(x_m)\}$。然后对高维空间中的数据 $\phi(x)$ 进行主成分分析。由于标准化后的 $\phi(x)$ 均值为零，即 $\sum_{i=1}^{m} \phi(x_i) = 0$，则 $\phi(x)$ 的协方差矩阵可表示为

$$\text{Cov} = \frac{1}{m-1} \sum_{i=1}^{m} \phi(x_i)^{\text{T}} \phi(x_i) \tag{5-25}$$

同样，求解式（5-25）的特征值和特征向量：

$$\text{Cov} \cdot V = \lambda V \tag{5-26}$$

式中，λ 为 Cov 的特征值；V 为 Cov 的特征向量。

将 F 空间中的每个数据样本与式（5-26）相乘可以得到

$$\phi(x_i)(\text{Cov} \cdot V) = \phi(x_i)(\lambda V) \tag{5-27}$$

由内积的性质可以得到

$$\langle \phi(x_i), \text{Cov} \cdot V \rangle = \lambda \langle \phi(x_i), V \rangle \tag{5-28}$$

因为特征向量可以由数据集线性表示，所以有

$$V = \sum_{i=1}^{m} \alpha_i \phi(x_i) \tag{5-29}$$

将式（5-25）和式（5-29）代入式（5-28）可以得到

$$\frac{1}{m-1} \sum_{i=1}^{m} \alpha_i \left\langle \phi(x_k), \sum_{j=1}^{m} \phi(x_j) \right\rangle \langle \phi(x_j), \phi(x_i) \rangle = \lambda \sum_{i=1}^{m} \alpha_i \langle \phi(x_k), \phi(x_i) \rangle \tag{5-30}$$

通过定义一个 $n \times n$ 的核对称矩阵 K：

$$K(x_i, x_j) = \langle \phi(x_i), \phi(x_j) \rangle = \phi(x_i)^{\text{T}} \phi(x_j) = \phi(x_i)\phi(x_j) \tag{5-31}$$

则式（5-30）可表示为

$$\lambda n \alpha = K \alpha \tag{5-32}$$

通过求解（5-32）能得到 K 的特征值和对应的特征向量。K 则通过选择核函

数来确定。与 PCA 类似，将特征值由大到小排列为 $\lambda_1 > \lambda_2 > \cdots > \lambda_i$，并把对应的特征向量进行归一化处理，得到 $[\alpha^1, \alpha^2, \cdots, \alpha^n]$，若选定了前 p 个主分量，则 $\langle V_k, V_k \rangle = 1(k=1,\cdots,p)$，因此式（5-26）的特征向量也满足

$$\sum_{i,j=1}^{m} \alpha_i^k \alpha_j^k \langle \phi(x_i), \phi(x_j) \rangle = \alpha^k K \alpha^k = 1 \tag{5-33}$$

原数据空间中 x 的主成分特征就是其 F 空间的映射 $\phi(x)$ 在 $V^k(k=1,\cdots,p)$ 上的投影：

$$\langle V^k, \phi(x) \rangle = \sum_{i=1}^{n} \alpha_i^k \langle \phi(x_i), \phi(x) \rangle \tag{5-34}$$

需要指出的是，如果原始数据没有去均值，则需要对映射后的数据进行中心化处理：

$$\tilde{\phi}(x_k) = \phi(x_k) - \frac{1}{n} \sum_{i=1}^{n} \phi(x_i) \tag{5-35}$$

式（5-32）中的 K 可由 $\tilde{K}$ 代替：

$$\tilde{K} = K - 1_n K - K 1_n + 1_n K 1_n \tag{5-36}$$

因为 KPCA 在输入空间只依赖于输入样本空间的距离和内积，所以特征值及其约减只依赖于核函数及参数的选择。而对称函数 $K(x_i, x_j)$ 只要满足 Mercer 条件就可以作为核函数，常用的核函数包括多项式核函数、高斯径向基核函数、小波核函数等。

由于核函数对于不同的方法具有不敏感性，因此选用不同的核函数在使用优化参数得到的分类结果互相接近。与 PCA 不同，KPCA 是基于样本的，因此可以提供更多的特征数目和包含更丰富信息的特征。但是当数据样本过大时，其计算远比 PCA 复杂。

3. 基于平均影响值（MIV）算法的神经网络特征筛选

BP 神经网络是一种神经网络学习算法，其全称为基于误差反向传播算法的人工神经网络。图 5-5 所示为单隐含层前馈网络拓扑结构，由输入层、中间层（隐含层）和输出层组成。单层前馈神经网络只能求解线性可分问题，想要求解非线性问题必须使用具有隐含层的多层神经网络。当实际输出与期望输出不符时，进入误差的反向传播阶段。周而复始的信息正向传播和误差反向传播过程是各层权值不断调整的过程，同时是神经网络自我学习的过程。

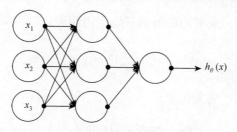

图 5-5　单隐含层前馈网络拓扑结构

通常 MIV 算法[114]被用来反映网络中权值矩阵的变化情况，进而判断哪些特征的改变对输出产生影响，绝对值大小代表影响的相对重要性。MIV 被认为是评价变量相关性最好的指标之一，为解决此类问题开创了一个新的方向。具体计算思想是：在 BP 神经网络训练终止后，将训练样本 P 中每一特征变量在其原值的基础上分别加、减 10%构成新的两个训练样本 P_1 和 P_2，将 P_1 和 P_2 分别作为仿真样本利用已建成的网络进行仿真，得到两个新的仿真结果 A_1 和 A_2，求出 A_1 和 A_2 的差值，即为变动该自变量后对输出产生的影响变化值（impact value，IV），最后将 IV 按观测例数平均得出该自变量对于应变量的输出 MIV，其中转移函数 $g(x)$ 为单极性 sigmoid 函数。按照上面的步骤依次算出各个自变量的 MIV 值，最后根据 MIV 绝对值的大小为各自变量排序，得到各自变量对输出影响相对重要性的位次表，从而判断出输入特征对于结果的影响程度，即实现了变量筛选（各自变量对神经网络输出的影响与对 SVM 输出影响具有一致性）。

4. 补偿距离评估（CDET）

补偿距离评估算法[115]采用特征筛选策略，通过对特征类间距与特征类内距的评估对每一个特征进行评分，选取评分最高的若干个特征、剔除冗余特征从而达到降维的目的。

设含有 C 个模式类 $\omega_1, \omega_2, \cdots, \omega_C$ 的特征集为

$$\{p_{c,m,k} \quad c=1,2,\cdots,C; m=1,2,\cdots,M_c; k=1,2,\cdots,K\} \tag{5-37}$$

式中，$p_{c,m,k}$ 为 c 状态下第 m 个样本第 k 个特征；M_c 为 c 状态下样本总数；K 为每个样本特征数目。在 c 类状态下，可得 M_c 个样本，因此总共可得 $M_c \times C$ 个样本集。从而得 $M_c \times C \times K$ 个特征，并将此特征集定义为 $\{p_{c,m,k}\}$。

补偿距离评估技术实现特征降维的具体步骤如下。

（1）计算 ω_c 类中所有特征向量平均距离：

$$d_{c,k} = \frac{1}{M_c(M_c-1)} \sum_{i=1}^{M_c} \sum_{j=1}^{M_c} \left| p_{c,i,k} - p_{c,j,k} \right| \tag{5-38}$$

对 $d_{c,k}$（$c = 1, 2, \cdots, C$）求平均后得到平均类内距离：

$$d_k^w = \frac{1}{C}\sum_{c=1}^{C} d_{c,k} \tag{5-39}$$

（2）定义并计算 d_k^ω 方差因子：

$$\upsilon_k^\omega = \max(d_{c,k}) / \min(d_{c,k}) \tag{5-40}$$

（3）计算 C 个模式类的类间距离：

$$d_k^b = \frac{1}{C(C-1)}\sum_{c=1}^{C}\sum_{e=1}^{C}\left|\mu_{c,k} - \mu_{e,k}\right| \tag{5-41}$$

式中，$\mu_{c,k} = \dfrac{1}{M}\sum_{m=1}^{M_c} p_{c,m,k}$ 为 ω_c 类中所有第 k 个特征均值。

（4）定义并计算 d_k^b 方差因子：

$$\upsilon_k^b = \frac{\max\left|\mu_{e,k} - \mu_{c,k}\right|}{\min\left|\mu_{e,k} - \mu_{c,k}\right|}, \quad c,e = 1,2,\cdots,C; c \neq e \tag{5-42}$$

（5）定义并计算补偿因子：

$$\gamma_k = \frac{1}{\dfrac{\upsilon_k^\omega}{\max(\upsilon_k^\omega)} + \dfrac{\upsilon_k^b}{\max(\upsilon_k^b)}} \tag{5-43}$$

（6）计算类间距离 d_k^b 与类内距离 d_k^ω 比值，得到特征评分：

$$\alpha_k = \gamma_k \frac{d_k^b}{d_k^\omega} \tag{5-44}$$

对 α_k 进行归一化处理，得到特征评分为

$$\overline{\alpha_k} = \frac{\alpha_k}{\max(\alpha_k)} \tag{5-45}$$

（7）设目标维度为 l，选取评分最高的 l 个特征，将 k 维降至 l 维。

5. 欧氏距离分布熵

为了判断某一特征可分度，本着不同故障类型的类内样本分布越集中的特征最易区分的原则，需建立相应的可分性测度。在先前研究中，学者分别使用了多种不同性质的参数对样本类间距离或类内样本分布进行可分性描述。

针对小样本训练问题，本节介绍一种不依赖于分布模型的欧氏距离分布熵方

法，欧氏距离分布熵[116]通过反映特征向量集所蕴含的空间信息来判别样本集的分类性能优劣。

设存在 m 个 n 维特征向量 $u_i = (x_{i,1}, x_{i,2}, x_{i,3}, \cdots, x_{i,n})$ 组成 $m \times n$ 维特征矩阵 $W = [u_1, u_2, \cdots, u_m]^T$。特征向量进行归一化处理，则 $\overline{u} = (\overline{x}_1, \overline{x}_2, \cdots, \overline{x}_n)$ 为特征矩阵的均值向量。计算 W 中各个向量到均值向量的距离：

$$\delta_k = (u_k - \overline{u})(u_k - \overline{u})^T, \quad k = 1, 2, \cdots, m \tag{5-46}$$

式中，k 表示特征编号，根据 $\delta_{\max}^k = \max(\delta_k)$，$\delta_{\min}^k = \min(\delta_k)$。将 δ_k 平均 N 等分获得 N 个区间：

$$\Delta \delta_k = (\delta_{\max}^k - \delta_{\min}^k)/N \tag{5-47}$$

以第 k 个特征为例，统计每个区间内元素的个数 p_i $(i = 1, \cdots, N)$。当 $m \rightarrow \infty$ 时，δ_k 中元素属于各个区间的概率为

$$P_i = \frac{p_i}{m}, \quad i = 1, \cdots, N$$
$$\sum_{i=1}^{N} P_i = 1 \tag{5-48}$$

通过上述计算容易得出特征向量矩阵的欧氏距离分布直方图。依据信息论中熵的定义，对欧氏距离统计分布求熵以表征样本在欧氏空间的不确定性，即得欧氏距离分布熵 $E(P)$：

$$E(P) = -\sum_{i=1}^{N} P_i \log_2 P_i \tag{5-49}$$

然后将不同类的欧氏距离分布熵相加即可得出最终的可分度测度值：

$$E = \sum_{j=1}^{M} E_j(P), \quad j = 1, \cdots, M \tag{5-50}$$

式中，$E_j(P)$ 为第 j 个类的欧氏距离分布熵；M 为总类别数。

线性分类问题主要依据特征在欧氏空间的距离测度作为分类的依据，特征可分度分析难以获得一种具有普适性和决定性的指标。考虑同类样本的空间聚集度，欧氏距离分布熵通过反映特征向量集所蕴含的空间信息来判别样本集的分类性能优劣，利用熵的非线性标准，可以弥补先行处理的不足。从直观上讲，样本在欧氏空间中的高聚集度有助于提高学习质量，相对地，样本越离散，分类器学习过程越不容易收敛。因此选取欧氏距离分布熵较小的分类特征集，分类器训练时更容易收敛。从熵的角度讲，欧氏距离分布熵越大意味着样本分布的不确定性越强，这也是学习过程中的不利因素。

5.3　矿山多通道监测数据特征分类

故障分类是矿山监测的重点，也是难点。设备的信号特征是与设备的转速等参数相关的，这就要求故障分类能够智能地应对不同情况，具有良好的鲁棒性。

随着计算机的发展，处理速度越来越快，数据存储器越来越大，人工智能技术在各个领域的应用也越来越广泛。本章介绍几种典型的人工智能技术，并对故障进行分类，完成故障诊断。

故障分类可以采用两种策略：一是基于统计模型的故障分类，理论基础是概率论与数理统计；二是基于经验模型的故障分类，依据是领域内专家在故障诊断方面长期积累的经验，具有一定的主观色彩。

采用人工智能进行故障诊断，基本思想是将人的思维模式用数学的形式表达出来，进而转换为计算机语言，由计算机来实现。

从特征空间到状态空间的推理过程就是故障分类。故障分类示意图如图 5-6 所示。

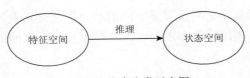

图 5-6　故障分类示意图

5.3.1　模式识别

1. 模式识别结构

一个完整的模式识别系统包括信号采集、信号预处理、特征提取和选择、分类四部分，其结构如图 5-7 所示。

图 5-7　模式识别系统

系统的前三个环节已经由前面的章节完成，分类器设计是本节主要的研究内容。

2. 模式识别基础

能够进行模式识别是人类智能的体现，语音识别、人脸识别是人类的基本能力。随着工业的发展和科技的进步，现实生活中迫切需要计算机也具有这种识别能力。对人类识别能力本质的探索和计算机模式识别技术迅速发展解决了这一问题。

模式识别的鲁棒性是衡量算法成功与否的关键因素。人类能够从复杂的环境中识别出事物。无论在马路上、公交车里、工厂里，人都能准确辨别出说话者是谁，说了什么。现今流行的验证码登录技术，就是以计算机很难在复杂图像背景下提取出独立的字母、数字信息为基础，设计并走向应用的。这些都是对模式识别的考验。

模式识别是将事物的特征采集、分析、辨认和解释的过程数学化的一门学科。其实质就是针对现有的数据，基于某种算法，发现数据之间的规律，然后由此构建一个模型来实现对新数据的预测。其框架如图 5-8。

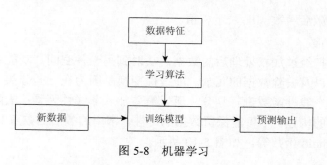

图 5-8   机器学习

模式识别是基于人工智能技术的，目前常用的分类方法包括支持向量机（SVM）、逻辑回归（LR）、神经网络等。其中，LR 基于 sigmoid 函数，常用于二分类问题。SVM 通过改变维度的方法，将原本线性不可分的数据进行转换，进而达到分类识别的目的。而神经网络的构建灵感来源于生物大脑，基础结构模型较容易理解。

5.3.2   神经网络

1. 人工神经元和激活函数

1）人工神经元

当生物在受到某种刺激时，大脑的相应位置会发生一些变化。人工神经元的创建灵感来源于生物学中对神经元的研究。人工神经元以生物神经元为模型，输入对应树突，负责接收信息，输出对应轴突末梢，与其他神经元相连，而其中的处理模块，即加权求和以及函数处理，则对应生物神经元中的细胞核[16]。常用的人工神经元模型如图 5-9 所示。

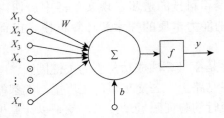

图 5-9　人工神经元模型

该模型输入输出关系可表示为

$$y = f\left(\sum_{j=1}^{n} W_j X_j\right) \tag{5-51}$$

式中，f 表示激活函数；W_j 表示权值。

2）激活函数

激活函数把经过加权处理后的数据，映射到另一种空间。功能主要包括加入非线性变换，以及去除数据的冗余。非线性变换是因为在一些分类中，原始数据可能不能用一个线性函数进行划分，所以需要加入非线性因素；去除数据冗余多用于稀疏矩阵的构建，尽可能保留数据的特性。常用的激活函数有 log-sigmoid 形函数、tan-sigmoid 函数等。如图 5-10 所示。

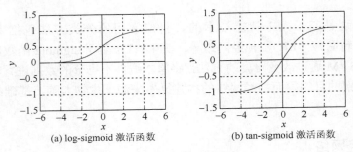

(a) log-sigmoid 激活函数　　　　　(b) tan-sigmoid 激活函数

图 5-10　激活函数

2. 人工神经网络基本模型

人工神经网络就是将很多元件（神经元）彼此相连，然后进行一些逻辑操作的框架。人工神经网络的神经元能很好地存储一些信息，且具有很多优点，诸如实时学习能力、良好的容错性等，所以引起科学界的广泛关注，并运用于多个领域。人工神经网络主要分为以下几个方面。

（1）前馈网络。信号按照输入层到输出层，即单一的方向来传导。而且同一层的各个节点没有直接连接关系，相互独立。输出数据就是输入数据经过多层网络的加权和非线性处理，彼此之间有着明确的函数关系[117]；而其反馈作用则是在网络学习时，反方向传递，来实现参数的修正，且这个时候反馈信号也是单一方向。通常的前馈网络包括多层感知机网络、径向基函数网络（RBFN）等。结构示意如图 5-11 所示。

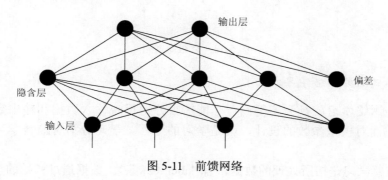

图 5-11　前馈网络

（2）反馈网络。反馈网络与前馈网络的不同在于，它不仅包括所谓的前向数据传导过程，还包括每一个节点对所连接的上一个节点的反馈作用，就相当于节点之间的数据连线具有双向性。反馈网络通常包括 Hopfield 网络、Boltzmann 机、ART 网络等。结构如图 5-12 所示。

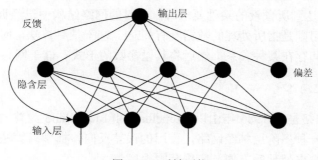

图 5-12　反馈网络

（3）自组织网络。生物学家在研究中发现，当大脑接收外部信息刺激时，某些特定的部分会产生变化，而且随着某一个神经元变得活跃，对周围的神经元就会产生抑制作用。而 SOM 的构建就是基于这种现象，进而对网络进行训练。SOM 一般包括输入层和竞争层，首先通过输入节点输入数据，然后对输入数据进行降维处理，然后基于模仿大脑神经元的抑制、竞争作用，对网络模型进行调整。对于即将处理的数据，网络基于某种统计算法，发现数据彼此之间的相关性，然后根据数据的这些性质调整网络的相应参数，其是一种非监督的学习方式。结构示意如图 5-13 所示。

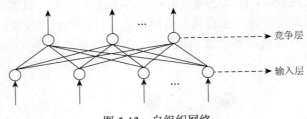

图 5-13　自组织网络

3. 人工神经网络学习方式

神经网络学习就是为了得到一个能够很好地反映输入数据和输出数据关系的模型。而对模型参数的设计，就是学习的过程。学习分为有监督学习与无监督学习。

有监督学习是指所处理的数据带有 label（标签）。数据通过初始的模型得到相应的输出，比较此时的输出和原数据的 label，然后反馈给网络，进行有关参数的修正。主要步骤如下：

（1）将训练数据（X_i，Y_i）输入待训练的模型，得到输出量 O_i；

（2）构建一个能反映 Y_i 与输出量 O_i 差别的函数 H_i；

（3）根据 H_i，选择某种算法，对模型参数进行修正；

（4）当 H_i 达到所预设的某种要求时，此时的网络结构便已经训练完成。

无监督学习则是指所处理的数据没有 label。基于某种算法，网络模型分析所给数据彼此之间存在某种关系，然后将其以参数的形式存储于网络结构中。

4. BP 神经网络

BP 神经网络是在 1986 年由以 Rumelhart 和 McCelland 为首的科学家小组提出来的。它是一种多阶层神经网络，使用的误差反向传播学习算法基本思想很直观，而且层次性框架理解方便，应用范围很广。

BP 神经网络包括输入层、隐含层、输出层。输入层就是将数据输入以节点的形式表示，对数据不进行处理；隐含层可以为一层或多层，主要负责对数据加工，通常包括加权和激活函数处理；输出层对隐含层数据进行再加工，最后输出数据。BP 神经网络包括前向的数据传递部分，以及后向的反馈调节阶段。其常见结构如图 5-14 所示。

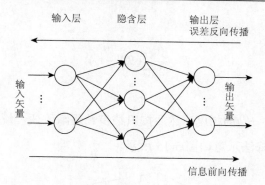

图 5-14 BP 神经网络

5. BP 神经网络算法

BP 神经网络算法的基本思想如下：输入矢量从输入层进入网络，经过隐含层和输出层的加工处理，得到网络输出矢量。而每个输入数据有着理想的输出向量，当理想输出向量与网络输出存在偏差时，通过梯度下降法修改层与层连接的权值，直至损失函数，也就是误差达到设定的精度[118]。

下面以一层隐含层的神经网络为例进行说明。

参数说明如下：

$a_i^{(l)}$ 表示第 L 层第 i 个节点的输出值；

$W_{ij}^{(l)}$ 表示 L 层第 i 个节点与第 $L+1$ 层第 j 个节点的权值；

$b_i^{(l)}$ 表示第 L 层第 i 个节点偏置值；

$x_i^{(l)}$ 表示第 i 个节点输入；

$\vartheta_k^{(l)}$ 表示第 L 层第 K 个节点实际输出值；

t_k 表示目标输出值；

n 表示第 1 层节点数；

m 表示第 2 层节点数；

r 表示第 3 层节点数。

1）输入阶段

隐含层第 j 个节点输出：

$$a_j^{(2)} = f\left(\sum_{i=1}^{n} W_{ij}^{(1)} x_i^{(1)} + b_j^{(1)}\right) \tag{5-52}$$

输出层第 K 个节点输出：

$$\vartheta_k^{(3)} = a_k^{(3)} = f\left(\sum_{j=1}^{m} W_k^{(2)} a_j^{(2)} + b_k^{(1)}\right) \tag{5-53}$$

损失函数：

$$E = \frac{1}{2} \sum_{k=1}^{r} (\vartheta_k^{(3)} - t_k)^2 \qquad (5\text{-}54)$$

2）反向传播

通过求解 $W_{ij}^{(l)}$、$b_i^{(l)}$ 的梯度，然后按照某步长逐渐改变，最后达到最低点，即函数收敛，梯度下降法示意如图 5-15 所示。

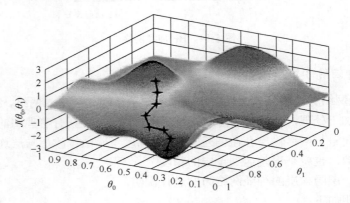

图 5-15　梯度下降法

以隐含层与输出层为对象，由损失函数求权值的偏微分：

$$\frac{\partial E}{\partial W_{jk}} = (\vartheta_k - t_k)\frac{\partial \vartheta_k}{\partial W_{jk}} \qquad (5\text{-}55)$$

得到

$$\vartheta_k = f(x_k)$$

式中，$f(x)$ 代表相应节点的激活函数，BP 神经网络中常取 sigmoid 函数：

$$f(x) = \frac{1}{1 + e^{-\alpha x}} \qquad (5\text{-}56)$$

对其求导得

$$f(x)' = (-1)(1 + e^{-\alpha x})^{(-2)}(e^{-\alpha x})(-a) = f(x)[1 - f(x)] \qquad (5\text{-}57)$$

则式（5-55）转化为

$$\frac{\partial E}{\partial W_{jk}} = (\vartheta_k - t_k)\vartheta_k(1 - \vartheta_k)\vartheta_j^{(2)} \qquad (5\text{-}58)$$

令
$$\delta_k = (\vartheta_k - t_k)\vartheta_k(1 - \vartheta_k)$$

则得
$$\frac{\partial E}{\partial W_{jk}} = \delta_k \vartheta_j^{(2)} \tag{5-59}$$

同理可得
$$\frac{\partial E}{\partial W_{ij}} = \vartheta_j(1 - \vartheta_j)\delta_k W_{jk}\vartheta_1^{(1)} \tag{5-60}$$

令
$$\delta_j = \vartheta_j(1 - \vartheta_j)\delta_k W_{jk}$$

则可得
$$\frac{\partial E}{\partial W_{ij}} = \delta_j \vartheta_j^{(1)} \tag{5-61}$$

综上，可得权值修正：
$$\Delta W = \eta\delta\vartheta^{(l-1)} \tag{5-62}$$

式中，η 为步长或学习率。

偏置 b 的变化：
$$\frac{\partial E}{\partial b} = (\vartheta_k - t_k)\vartheta_k(1 - \vartheta_k) = \delta_k \tag{5-63}$$

综上，可得偏置修正：
$$\Delta b = \eta\delta \tag{5-64}$$

综合式（5-62）、式（5-64）得
$$W := W - \Delta W = W - \eta\delta\vartheta^{(l-1)}$$
$$b := b - \Delta b = b - \eta\delta \tag{5-65}$$

梯度下降法就是按照式（5-65）来修正 W、b，最终达到损失函数 E 的最小值。

6. BP 神经网络分类识别

1）参数选择

网络层数：网络层数越多，也就意味着所需要训练的权值和偏置量越多，计算也就随之越复杂，而且理论证明，两层神经网络就可以实现任意数据的非线性分类。

节点数选择：输入层节点对应选取的特征参数个数。故输出层数与识别数相同；对于隐含层节点，如果选择过少，则对数据信息不能充分学习，分类效果差，如果选择过多，则网络结构过于复杂，易陷入局部最优解，出现过拟合现象。原则上，对于隐含层节点选择要通过实验进行确定，但在实际初始设计中一般基于经验选取。常用的方式如式（5-66）～式（5-68）所示：

$$n_{\text{h}} = \sqrt{n_{\text{i}} + n_0} + m \tag{5-66}$$

$$n_{\text{h}} = \log_2 n_{\text{i}} \tag{5-67}$$

$$n_{\text{h}} = \sqrt{n_{\text{i}} n_0} \tag{5-68}$$

式中，n_{h} 为所求隐含层节点数；n_{i} 为输入层节点；n_0 为输出层节点；$m \in (0, 10)$。

激活函数的选择：多数情况下隐含层激活函数选择 sigmoid 函数，将数据转化为（0,1），数据值变小有利于网络的训练，尽快达到收敛；输出层选择 purelin，将隐含层数据进行线性映射输出。

2）基于梯度下降法的 BP 神经网络实现

如果将原始直接输入神经网络中，由于激活函数 sigmoid 对于超过一定数值的数据都趋近于无穷大，即输入层输出数据都会变得相差不大，也就丧失了数据的区分性，网络也就难以收敛。因此需要将数据进行处理，限制在 sigmiod 的有效作用范围内。MATLAB 中一般采用 premnmx、postmnmx、tramnmx 函数。premnmx 主要是对训练的数据的处理；postmnmx 则是对预测数据的处理；tramnmx 是对网络预测结果的反归一化，即变换到实际输出。

5.3.3 支持向量机

支持向量机（SVM）由 Vapnik 首先提出，像多层感知器网络和径向基函数网络一样，支持向量机[20, 21]可用于模式分类和非线性回归。支持向量机的主要思想是建立一个分类超平面作为决策曲面，使得正例和反例之间的隔离边缘最大化；支持向量机的理论基础是统计学习理论，更精确地说，支持向量机是结构风险最小化的近似实现。这个原理基于这样的事实：学习机器在测试数据上的误差率（即泛化误差率）以训练误差率和一个依赖子 VC 维数（Vapnik-Chervonenkis dimension）的项的和为界，在可分模式状态下，支持向量机对于前一项的值为零，并且使第二项最小化。因此，尽管它不利用问题的领域内部问题，但在模式分类问题上支持向量机能提供较好的泛化性能，这个属性是支持向量机特有的。

1. 学习问题的表示

（1）学习的目的是，在联合概率分布函数 $F(x, y)$ 未知、所有可用的信息都包含在训练集中的情况下，寻找函数 $f(x, w_0)$，使它（在函数集 $f(x, w)$ 上）最小化风险：

$$R(w) = \int L(y, f(x, w)) \mathrm{d}F(x, y) \tag{5-69}$$

式中，$f(x, w)$ 为预测函数集。

（2）模式识别问题：$L(y, f(x, w))$ 是由于函数集 $f(x, w)$ 的预测误差而造成的。对于模式识别问题，输出 y 是类别标号，两类情况下输出 $y = \{0, 1\}$，损失函数可定义为

$$L(y, f(x, w)) = \begin{cases} 0, & y = f(x, w) \\ 1, & y \neq f(x, w) \end{cases} \tag{5-70}$$

2. 经验风险最小化原则（ERM）

（1）最小化经验风险（训练样本错误率）：

$$R_{\mathrm{emp}}(w) = \frac{1}{n} \sum_{i=1}^{N} L(d_i, f(x_i, w)) \tag{5-71}$$

在保证风险（风险的上界）最小的子集中选择使经验风险最小的函数。

（2）ERM 的缺点包括以下几个方面。

① 用 ERM 代替期望风险最小化并没有经过充分的理论论证，只是直观上合理的做法。

② 这种思想却在多年的机器学习方法研究中占据了主要地位。人们多年来将大部分注意力集中到如何更好地最小化经验风险上。

③ 实际上，即使可以假定当 n 趋向于无穷大时经验风险也不一定趋近于期望风险，在很多问题中的样本数目也离无穷大相去甚远，如神经网络。

3. 支持向量回归机

支持向量机本身是针对经典的二分类问题提出的，支持向量回归机（support vector regression，SVR）是支持向量在函数回归领域的应用。支持向量回归机与支持向量机分类有以下不同：支持向量机回归的样本点只有一类，所寻求的最优超平面不是使两类样本点分得"最开"，而是使所有样本点离超平面的"总偏差"最小。这时样本点都在两条边界线之间，求最优回归超平面同样等价于求最大间隔。

对于线性情况，支持向量机函数拟合首先考虑用线性回归函数 $f(x) = \omega x + b$ 拟合 $(x_i, y_i)(i = 1, 2, \cdots, n)$，$x_i \in \mathbf{R}^n$ 为输入量，$y_i \in \mathbf{R}$ 为输出量，即需要确定 ω 和 b。

损失函数是学习模型在学习过程中对误差的一种度量，一般在模型学习前已经选定，不同的学习问题对应的损失函数一般也不同，同一学习问题选取不同的损失函数得到的模型也不一样。常用的损失函数形式及密度函数如表 5-2 所示。

表 5-2　常用的损失函数和相应的密度函数

损失函数名称	损失函数表达式 $\tilde{c}(\xi_i)$	噪声密度 $p(\xi_i)$
ε 不灵敏度	$\lvert\xi_i\rvert_\varepsilon$	$\dfrac{1}{2(1+\varepsilon)}\exp(-\lvert\xi_i\rvert_\varepsilon)$
拉普拉斯	$\lvert\xi_i\rvert$	$\dfrac{1}{2}\exp(-\lvert\xi_i\rvert)$
高斯	$\dfrac{1}{2}\xi_i^2$	$\dfrac{1}{\sqrt{2\pi}}\exp\left(-\dfrac{\xi_i^2}{2}\right)$
鲁棒损失	$\begin{cases}\dfrac{1}{2\sigma}(\xi_i)^2, & \lvert\xi_i\rvert\leqslant\sigma \\ \lvert\xi_i\rvert-\dfrac{\sigma}{2}, & 其他\end{cases}$	$\begin{cases}\exp\left(-\dfrac{\xi_i^2}{2\sigma}\right), & \lvert\xi_i\rvert\leqslant\sigma \\ \exp\left(\dfrac{\sigma}{2}-\lvert\xi_i\rvert\right), & 其他\end{cases}$
多项式	$\dfrac{1}{p}\lvert\xi_i\rvert^p$	$\dfrac{p}{2\Gamma(1/p)}\exp(-\lvert\xi_i\rvert^p)$
分段多项式	$\begin{cases}\dfrac{1}{p\sigma^{p-1}}\lvert\xi_i\rvert^p, & \lvert\xi_i\rvert\leqslant\sigma \\ \lvert\xi_i\rvert-\sigma\dfrac{p-1}{p}, & 其他\end{cases}$	$\begin{cases}\exp\left(-\dfrac{\xi_i^p}{p\sigma^{p-1}}\right), & \lvert\xi_i\rvert\leqslant\sigma \\ \exp\left(\sigma\dfrac{p-1}{p}-\lvert\xi_i\rvert\right), & 其他\end{cases}$

标准支持向量机采用 ε 不灵敏度函数，即假设所有训练数据在精度 ε 下用线性函数拟合，如图 5-16 所示。

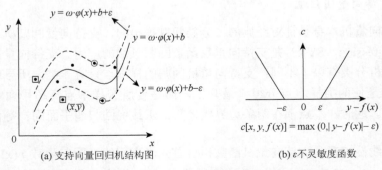

(a) 支持向量回归机结构图　　　　　　(b) ε 不灵敏度函数

图 5-16　支持向量回归机结构图与 ε 不灵敏度函数

$$\begin{cases} y_i - f(x_i) \leqslant \varepsilon + \xi_i \\ f(x_i) - y_i \leqslant \varepsilon + \xi_i^*, \quad i = 1, 2, \cdots, n \\ \xi_i, \xi_i^* \geqslant 0 \end{cases} \tag{5-72}$$

式中，ξ_i、ξ_i^* 是松弛因子，当划分有误差时，ξ、ξ_i^* 都大于 0，误差不存在取 0 的情况。这时，该问题转化为求优化目标函数最小化问题：

$$R(\omega, \xi, \xi^*) = \frac{1}{2} \omega \cdot \omega + C \sum_{i=1}^{n} (\xi_i + \xi_i^*) \tag{5-73}$$

式中，第一项使拟合函数更为平坦，从而提高泛化能力；第二项使误差减小；常数 $C > 0$ 表示对超出误差 ε 的样本的惩罚程度。通过式（5-72）和式（5-73）可以看出，这是一个凸二次优化问题，所以引入 Lagrange 函数：

$$L = \frac{1}{2} \omega \cdot \omega + C \sum_{i=1}^{n} (\xi_i + \xi_i^*) - \sum_{i=1}^{n} \alpha_i [\xi_i + \varepsilon - y_i + f(x_i)]$$

$$- \sum_{i=1}^{n} \alpha_i^* [\xi_i^* + \varepsilon - y_i + f(x_i)] - \sum_{i=1}^{n} (\xi_i \gamma_i + \xi_i^* \gamma_i^*) \tag{5-74}$$

式中，α，$\alpha_i^* \geqslant 0$，γ_i，$\gamma_i^* \geqslant 0$，为 Lagrange 乘数，$i = 1, 2, \cdots, n$。求函数 L 对 ω、b、ξ_i、ξ_i^* 的最小化，对 α_i、α_i^*、γ_i、γ_i^* 的最大化，代入 Lagrange 函数得到对偶形式，最大化函数：

$$W(\alpha, \alpha^*) = \frac{1}{2} \sum_{i=1; j=1}^{n} (\alpha_i - \alpha_i^*)(\alpha_j - \alpha_j^*)(x_i \cdot x_j)$$

$$+ \sum_{i=1}^{n} (\alpha_i - \alpha_i^*) y_i - \sum_{i=1}^{n} (\alpha_i + \alpha_i^*) \varepsilon \tag{5-75}$$

其约束条件为

$$\begin{cases} \sum_{i=1}^{n} (\alpha_i - \alpha_i^*) = 0 \\ 0 \leqslant \alpha_i, \quad \alpha_i^* \leqslant C \end{cases} \tag{5-76}$$

求解式（5-75）、式（5-76）其实也是求解一个二次规划问题，根据 Kuhn-Tucker 定理，在鞍点处有

$$\begin{cases} a_i [\varepsilon + \xi_i - y_i + f(x_i)] = 0 \\ \xi_i \cdot \gamma_i = 0 \end{cases}, \quad \begin{cases} a_i^* [\varepsilon + \xi_i^* - y_i + f(x_i)] = 0 \\ \xi_i^* \cdot \gamma_i^* = 0 \end{cases} \tag{5-77}$$

得出 $\alpha_i \cdot \alpha_i^* = 0$，表明 α_i、α_i^* 不能同时为零，还可以得出

$$(C - \alpha_i)\xi_i = 0$$
$$(C - \alpha_i^*)\xi_i^* = 0 \tag{5-78}$$

由式（5-78）可以得出，当 $\alpha_i = C$，或 $\alpha_i^* = C$ 时，$|f(x_i) - y_i|$ 可能大于 ε，与其对应的 x_i 称为边界支持向量（boundary support vector，BSV），对应图 5-16（a）中虚线带以外的点；当 $\alpha_i^* \in (0, C)$ 时，$|f(x_i) - y_i| = \varepsilon$，即 $\xi_i = 0$，$\xi_i^* = 0$，与其对应的 x_i 称为标准支持向量（normal support vector，NSV），对应图 5-16（a）中落在 ε 管道上的数据点；当 $\alpha_i = 0$，$\alpha_i^* = 0$ 时，与其对应的 x_i 为非支持向量，对应图 5-16（a）中 ε 管道内的点，它们对 ω 没有贡献。因此 ε 越大，支持向量数越少。对于标准支持向量，如果 $0 < \alpha_i < C(\alpha_i^* = 0)$，此时 $\xi_i = 0$，由式（5-77）可以求出参数 b：

$$b = y_i - \sum_{j=1}^{l} (\alpha_j - \alpha_j^*) x_j \cdot x_i - \varepsilon$$
$$= y_i - \sum_{x_j \in SV} (\alpha_j - \alpha_j^*) x_j \cdot x_i - \varepsilon \tag{5-79}$$

同样地，对于满足 $0 < \alpha_i^* < C(\alpha_i = 0)$ 的标准支持向量，有

$$b = y_i - \sum_{x_j \in SV} (\alpha_j - \alpha_j^*) x_j \cdot x_i - \varepsilon \tag{5-80}$$

对所有标准支持向量分别计算 b 的值，然后求平均值，即

$$b = \frac{1}{N_{NSV}} \left\{ \sum_{0 < \alpha_i < C} \left[y_i - \sum_{x_j \in SV} (\alpha_j - \alpha_j^*) K(x_j, x_i) - \varepsilon \right] \right.$$
$$\left. + \sum_{0 < \alpha_i^* < C} \left[y_i - \sum_{x_j \in SV} (\alpha_j - \alpha_j^*) K(x_j, x_i) - \varepsilon \right] \right\} \tag{5-81}$$

因此根据样本点 (x_i, y_i) 求得的线性拟合函数为

$$f(x) = \omega \cdot x + b = \sum_{i=1}^{n} (\alpha_i - \alpha_i^*) x_i \cdot x + b \tag{5-82}$$

非线性支持向量回归机的基本思想是，通过事先确定的非线性映射将输入向量映射到一个高维特征空间（Hilbert 空间）中，然后在此高维空间中再进行线性回归，从而取得在原空间非线性回归的效果。

首先将输入量 x 通过映射 $\Phi: \mathbf{R}^n \to H$ 映射到高维特征空间 H 中，用函数 $f(x) = \omega \cdot \Phi(x) + b$ 拟合数据 $(x_i, y_i)(i = 1, 2, \cdots, n)$，则二次规划目标函数（5-75）变为

$$W(\alpha, \alpha^*) = -\frac{1}{2} \sum_{i=1; j=1}^{n} (\alpha_i - \alpha_i^*)(\alpha_j - \alpha_j^*) \cdot (\Phi(x_i) \cdot \Phi(x_j))$$
$$+ \sum_{i=1}^{n} (\alpha_i - \alpha_i^*) y_i - \sum_{i=1}^{n} (\alpha_i - \alpha_i^*) \varepsilon \tag{5-83}$$

式（5-83）中涉及高维特征空间点积运算 $\Phi(x_i) \cdot \Phi(x_j)$，而且函数 Φ 是未知的、高维的。支持向量机理论只考虑高维特征空间的点积运算 $K(x_i, x_j) = \Phi(x_i) \cdot \Phi(x_j)$，而不直接使用函数 Φ。$K(x_i, x_j)$ 称为核函数，核函数的选取应使其为高维特征空间的一个点积，核函数的类型有很多，常用的核函数包括以下几种。

多项式核：

$$K(x, x') = (\langle x, x' \rangle + d)^p, \quad p \in N; d \geqslant 0$$

高斯核：

$$K(x, x') = \exp\left(-\frac{\|x - x'\|^2}{2\sigma^2}\right)$$

RBF 核：

$$K(x, x') = \exp\left(-\frac{\|x - x'\|}{2\sigma^2}\right)$$

B 样条核：

$$K(x, x') = B_{2N+1}(\|x - x'\|)$$

Fourier 核：

$$K(x, x') = \frac{\sin\left(N + \frac{1}{2}\right)(x - x')}{\sin\frac{1}{2}(x - x')}$$

因此式（5-83）变为

$$W(\alpha, \alpha^*) = -\frac{1}{2} \sum_{i=1; j=1}^{n} (\alpha_i - \alpha_i^*)(\alpha_j - \alpha_j^*) \cdot K(x \cdot x_i)$$

$$+ \sum_{i=1}^{n} (\alpha_i - \alpha_i^*) y_i - \sum_{i=1}^{n} (\alpha_i + \alpha_i^*) \varepsilon \tag{5-84}$$

可得非线性拟合函数的表达式为

$$f(x) = \omega \cdot \Phi(x) + b$$

$$+ \sum_{i=1}^{n} (\alpha_i - \alpha_i^*) K(x, x_i) + b \tag{5-85}$$

第 6 章　其他移动测量数据处理技术

6.1　矿震监测数据处理技术

煤矿冲击矿压是引发矿山灾害的一种重要诱因。冲击矿压是指由于煤矿开采活动造成矿山井巷或工作面周围岩体承受较大的应力而集聚大量的势能，这些势能的瞬时释放造成岩层断裂、地层破坏失稳的现象。冲击矿压常常会产生突发的、剧烈的作用，伴有煤岩体抛出、巨响及气浪等现象，具有很大的破坏性。目前，对于冲击矿压的实时监测主要有电磁辐射法、声发射法（地音法）、微震法等，并已开发出基于不同方法的监测系统。

随着物联网技术在矿山的广泛应用，基于矿山物联网的分布式冲击矿压监测系统也被广泛应用，这是一种无须重新布置通信网且系统通道数及监测信号种类几乎不受限制的冲击矿压监测方法。系统利用煤矿已有矿山物联网传输平台，通常是无线感知层网络与工业以太网主干网，采用多种类型网络化传感器，可同时进行多种冲击矿压现象的监测，所有类型的传感器均可直接接入物联网传输平台，利用 IP 进行寻址，传感器数量和测量通道数几乎不受限制。监测主机从物联网平台中读取相关数据，通过专用的冲击矿压监测应用软件进行信息融合和冲击矿压趋势分析。因此，矿震监测数据处理技术是整个监测系统高效、安全、可靠运行的重要环节。

然而基于物联网的矿压监测系统，由于其利用采用多传感器采集技术，将多个节点组成分布式的信号采集网络，各节点之间采集信息能够做到严格同步是后续分析的基础，因此矿震监测数据的时间同步技术尤为重要。此外，矿压监测系统在煤矿井下布置大量移动监测点，并且矿震监测数据需要反映实时的矿压，使监测数据量急剧增加，因此数据压缩感知这种高效传输和有效存储的数据传输方法得到广泛应用。最后，矿震定位技术是分布式冲击矿压监测系统的基础，该技术的研究对地层构造、地震活动以及灾害预测等问题都具有重大意义。

6.1.1　矿震监测中的时间同步技术

由于采用多传感器采集与处理技术，多个节点组成分布式的信号采集网络，各节点之间采集信息能够做到严格同步是后续分析的基础；否则，将造成数据处理和分析失去原有意义，甚至得出错误的分析结论的后果。因此，时间同步技术是多传感器信号采集实现的先决条件。从同步算法来看，主要包括三类：一是基于发送者的同步算法，如 DMTS 算法、FTS 算法；二是基于发送者-接收者交互的同步算法，如 TPSN 算法和 Mini-sync 算法；三是基于接收者-接收者的时间同步算法，如 RBS 算法。

RBS 算法是一种基于接收者-接收者的时间同步算法，它利用无线信道广播特性将同步消息发送到信道上待同步的节点，接收节点交换接收到的参考消息时间进行时间同步。RBS 算法适合同一簇内移动检测仪时间同步应用，但它的主要不足有：

（1）随着同步节点数量的增多，能耗问题越来越严重；

（2）对于巷道这种长带状拓扑结构，时间基准节点的选择会影响较远处节点的同步误差。

IRBS（improved references broadcast synchronization）是一种改进的基于参考广播的时间同步协议算法，同步过程如下：

（1）无线接入点 R 利用泛向广播范围内所有节点发送同步消息包；

（2）所有移动检测仪记录接收到同步消息时的本地时间 $t_1, t_2, \cdots, t_n$；

（3）移动检测仪之间选择簇首 C，簇首 C 再广播自己接收到同步信息时记录的本地时间 $t_c(t_c \in \{t_1, t_2, \cdots, t_n\})$ 给所有的子节点；

（4）所有移动检测仪接收到 C 广播的时间戳，将自己接收同步消息时记录的时间 $t_1, t_2, \cdots, t_n$ 与接收到的时间 t_c 比较，然后修改本地时钟实现与 C 节点的同步。

为了比较与 RBS 的性能差异，以下从能量消耗和算法收敛时间两个方面进行比较。

1）能量消耗

IRBS 时间同步协议能耗包括三部分：一是参考节点（无线接入点 R）广播同步消息，同步节点（移动检测仪）接收同步消息的能耗；二是簇首选择过程中同步节点间信息交换所消耗的能量；三是簇首节点广播同步时间戳和同步节点接收同步时间戳的能耗。设 E_s 是发送能耗，E_r 是接收能耗，R 是参考节点，S 是同步节点，m 是同步节点数，C 是选择的簇首节点，RBS 和 IRBS 同步机制能耗比较如表 6-1 所示。

表 6-1　RBS 和 IRBS 同步机制能耗比较

内容	RBS	IRBS
参考节点广播能耗	E_s	E_s
同步节点接收能耗	mE_r	mE_r
簇首选择能耗	0	$(m-1)(E_r+E_s)$
簇首广播能耗	mE_s	E_s
同步节点接收时间戳能耗	$m(m-1)E_r$	$(m-1)E_r$

这样，就得到 RBS 时间同步协议中能量消耗与同步节点数之间的关系为

$$E_{\text{RBS}}(m) = (1+m)E_s + m^2 E_r \tag{6-1}$$

IRBS 时间同步协议中能量消耗与同步节点数之间的关系为

$$E_{\text{IRBS}}(m) = (1+m)E_s + (3m-2)E_r \tag{6-2}$$

2）收敛时间

IRBS 时间同步协议时延也分为三部分：一是参考节点广播同步消息，同步节点接收同步消息的时延；二是簇首选择过程中同步节点间信息交换所消耗的时延；三是簇首节点广播同步时间戳和同步节点接收同步时间戳的时延。假设处理和发送同步消息时耗是 t_s，接收和处理时间同步消息时耗是 t_r，最大传输延时是 t_0。在单跳网络中，RBS 和 IRBS 同步机制时间消耗比较如表 6-2 所示。

表 6-2　RBS 和 IRBS 同步机制时间消耗比较

内容	RBS	IRBS
R 传送同步消息时延	$t_s^{R \to S}$	$t_s^{R \to S}$
同步消息传播时延	$t_0^{R \to S}$	$t_0^{R \to S}$
S 接收同步消息时延	$t_r^{R \to S}$	$t_r^{R \to S}$
S 或 C 传送时间戳时延	$C_m^2 t_s^{S \to S}$	$t_s^{C \to S}$
时间戳传播时延	$C_m^2 t_0^{S \to S}$	$t_0^{C \to S}$
S 接收时间戳时延	$C_m^2 t_r^{S \to S}$	$t_r^{C \to S}$
簇首 C 选择时延	0	$(m-1)(t_s^{S \to S} + t_r^{S \to S} + t_0^{S \to S})$

这样，就得到 RBS 时间同步协议中时间消耗与同步节点数之间的关系为

$$T_{\text{RBS}}(m) = (1+C_m^2)t_s + (1+C_m^2)t_0 + (1+C_m^2)t_r \tag{6-3}$$

IRBS 时间同步协议中时间消耗与同步节点数之间的关系为

$$T_{\text{IRBS}}(m) = (1+m)t_s + (1+m)t_0 + (1+m)t_r \tag{6-4}$$

3）仿真测试

假定移动检测仪被部署在 3m×100m 范围内，移动检测仪数目为 12。

（1）同步建立过程。图 6-1 所示为 6 个同步节点同步建立的过程。其中，图（a）为 RBS，图（b）为 IRBS。从图中可以看出两种时间同步算法在建立同步过程中的差异。

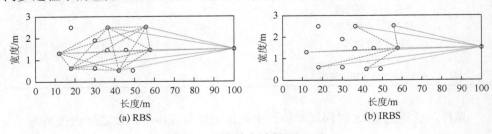

(a) RBS　　　　　　　　　　　　(b) IRBS

图 6-1　同步建立过程（$n = 6$）

（2）能量消耗。图 6-2 所示为两种算法能量消耗与同步节点数之间的关系。由图可见，算法改进后，能量消耗明显减少。由于 RBS 同步节点数至少为 2，因此当节点为 1 时不符合同步的条件，算法没有进行，能耗为 0。当同步节点数为 2 时，由于 IRBS 算法在同步时比 RBS 算法多了一次簇首选择过程，因此 IRBS 算法能量消耗比 RBS 算法要高。

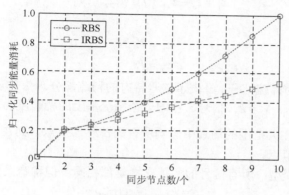

图 6-2　能量消耗

（3）收敛时间。图 6-3 所示为两种算法同步收敛时间与同步节点数之间的关系。由图可见，当同步节点数大于 3 时，IRBS 算法同步时延明显减少。当同步节点数为 1 时，由于不符合同步条件，算法没有进行。当同步节点数为 2 时，由于 IRBS 算法存在簇首选择过程，因此同步时延比 RBS 算法大。

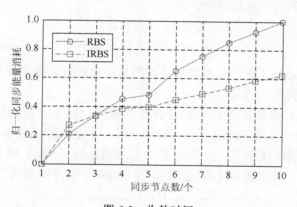

图 6-3　收敛时间

6.1.2　矿震监测数据的压缩感知

矿震监测数据是一种典型的多通道监测数据，多通道信号之间具有相关性。

分布式压缩感知是传统压缩感知理论的推广，该技术融合了信号存在的联合稀疏性，将数据划分为公共部分和自身部分，减少重构算法的冗余性，提高算法精度。典型的联合稀疏模型包括 JSM-1、JSM-2 和 JSM-3[119]。

（1）JSM-1 模型：所有信号都由一个共同的稀疏部分和一个特有的稀疏部分组成，即

$$x_j = z_c + z_j, \quad j \in \{1, 2, \cdots, J\} \tag{6-5}$$

式中，

$$z_c = \Psi s_c$$
$$z_j = \Psi s_j \tag{6-6}$$

z_c 表示信号共同的稀疏部分；z_j 表示信号特有的稀疏部分。信号 z_c 在稀疏基 Ψ 上的稀疏度为 k_c，即 $\|s_c\|_0 = k_c$，信号 z_j 在同一个稀疏基上的稀疏度为 k_j，即 $\|s_j\|_0 = k_j$。

JSM-1 模型在大范围的场景中影响所有的传感器节点，而在小范围的场景中影响单个传感器节点。

（2）JSM-2 模型：所有信号的稀疏支撑集都相同，但稀疏系数不同，即

$$x_j = z_j = \Psi s_j, \quad j \in \{1, 2, \cdots, J\} \tag{6-7}$$

式中，每个信号均为稀疏信号，其稀疏度为 K。

JSM-2 模型适用的场景包括 MIMO 通信、信号阵列等，例如，多个传感器接收到的信号在傅里叶变换域内可能是稀疏的，但由于多径传播各个信号的相移和衰落则是不同的。

（3）JSM-3 模型：所有信号的公共部分在任何基下都不能稀疏表示，而每个信号的特有部分则可以稀疏表示，即

$$x_j = z_c + z_j, \quad j \in \{1, 2, \cdots, J\} \tag{6-8}$$

式中，$z_c = \Psi s_c$；$z_j = \Psi s_j$，$\|s_j\|_0 = k_j$。z_c 在正交基 Ψ 上不必具备稀疏性。

JSM-3 模型适用于多个信源采用不同的传感器进行数据采集的场景，其共同的背景信号是非稀疏的信号。

为了找到适合多路矿震信号的联合稀疏模型，以三路监测信号为例，将信号在 DCT 基上表示，如图 6-4 所示。其中，图（a）是原始三路混合信号，图（b）是经过 DCT 后的稀疏表示。由图可见，三路混合信号 DCT 中非零元素位置相同，但幅值不同。由此可见，矿震信号符合 JSM-2 联合稀疏模型。

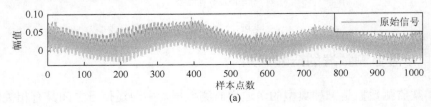

(a)

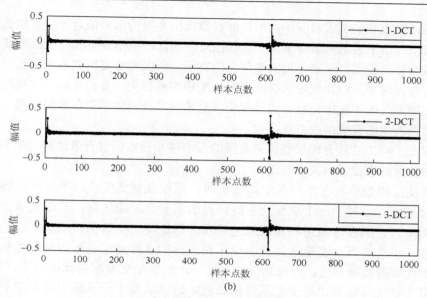

图 6-4　三路轴承振动信号及稀疏表示

对于多路传感器监测信号，图 6-5 所示为 SOMP、MFOCUSS、TSBL 和 TMSBL 四种联合重构算法在轴承多传感矿震信号的重构性能。由图可以看出，TSBL 算法相对于其他三种算法整体性能比较好，TMSBL 算法仅在压缩比为 0.2 时误差最小，其余部分都相对比较大；SOMP 算法和 MFOCUSS 算法性能不相上下，随着压缩比的增加性能越来越好。

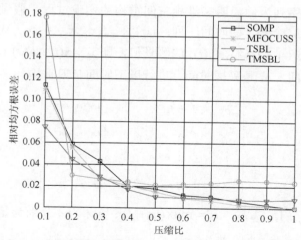

图 6-5　四种联合重构算法在高斯矩阵下压缩比与误差图

矿震时间序列蕴含着大量的非线性信息，存在着明显的混沌现象，使得混沌理论成为矿震分析的有效方法。采用单变量时间序列重构后相空间具有不完备性，对于任意采集到的矿震时间序列虽然能够重构出系统的部分信息，但重构信息差异性较大，给矿震的分析带来了一定的困难。因此，由单变量相空间重构获得的特征参数就不能很好地表现出矿震信息的特征，所以有必要研究多变量相空间重构。另外，对于一些比较短的时间序列，采用多维相空间重构能在一定程度上解决时间序列长度不足的问题。多维相空间重构技术是感知不完备数据信息，反映原始数据特点的有效解决方法。

因此，将二者结合的矿震监测数据的压缩感知技术能够有效地解决矿震监测系统中数据处理过程的突出问题。

在实际问题中，在进行相空间重构时，通过观察或实验等手段能得到多变量的时间序列。对于一个从复杂系统获得的多变量时间序列，其中某两个变量的时间序列之间有可能是相互依赖的关系，即这两个变量都反映了系统的同一个特征，那么这两个变量之间就出现了冗余，如果都用来进行相空间重构，就会增加计算的复杂程度，因此只需要选取一个进行相空间重构就可以了。另外，一个复杂系统往往是由若干子系统构成的，假设从每个子系统中各获取一个时间序列，这些单个的时间序列合在一起就组成了系统的多变量时间序列，在重构之前要分析这些序列是否都需要。如果某两个子系统之间有依赖关系，那么从它们那获得的时间序列之间就存在冗余，在进行多维相空间重构时只需选取一个进行研究。采用多变量相空间重构的相空间更能表现出系统的特征和演化行为。计算多重构后的多变量相空间的几何不变量，能够更好地解释、分析和指导该系统。

以矿震时间序列为例说明多维相空间重构的实现过程。假设在矿震动力学系统中，观测到 M 个变量的时间序列：$\{x_n\}_{n=1}^N = \{(x_{1,n}, x_{2,n}, \cdots, x_{M,n})\}_{n=1}^N$，它是 M 个连续变量 $x(t) = \{x_1(t), x_2(t), \cdots, x_M(t)\}$ 的测量值，即 $x_n = x(t_0 + n\Delta t)$ $(n = 1, 2, \cdots, N)$，其中 t_0 是初始时间，Δt 是采样时间。进行以下时间延迟重构：

$$V_n = \begin{Bmatrix} x_{1,n} & x_{1,n-\tau_1} & \cdots & x_{1,n-(m_1-1)\tau_1} \\ x_{2,n} & x_{2,n-\tau_2} & \cdots & x_{2,n-(m_2-1)\tau_2} \\ \vdots & \vdots & & \vdots \\ x_{M,n} & x_{M,n-\tau_M} & \cdots & x_{M,n-(m_M-1)\tau_M} \end{Bmatrix} \tag{6-9}$$

式中，$n = J_0, J_0+1, \cdots, N$，$J_0 = \max\limits_{1 \leqslant i \leqslant M}(m_i - 1)$；$\tau_i$ 和 m_i 分别为延迟时间间隔和嵌入维数，只要 m_i 或 $m = \sum\limits_{i=1}^M m_i$ 足够大，则存在映射使 $V_{n+1} = F(V_n)$，此时矿震动力系统的演化行为可以通过状态空间 $V_n \to V_{n+1}$ 演化同步映射出来，这意味着二者的几何特征是等价的，因此可以在重构的状态空间中计算矿震系统中的几

何不变量，如关联维数、Lyapunov 指数、Reny 熵等。多变量相空间重构流程
如图 6-6 所示。

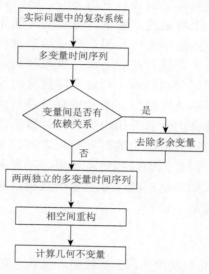

图 6-6　多变量相空间重构流程

6.1.3　矿震监测数据的定位技术

矿震定位是矿震监测监控系统中最基本也是最经典的问题之一，对于地层
构造、地震活动以及灾害预测等问题都具有重大意义。矿震定位计算也称为矿
震反演，即使用已经产生和接收到的信息来反推测震动发生前的位置和地层构
造情况，在矿震反演中，所需得到的结果参数有震源位置、震动时刻、震级等，
这些参数都是通过传感器接收到的信号分析得出的，仅是分析的方法不同。矿
震定位一般分为三个步骤：选定速度模型、使用矿震定位算法建立数学模型、
算法评价。

1. 选定速度模型

根据地球物理中惠更斯原理与斯内尔定律可知，震动波沿球形表面向各
个方向传播，并且在相同介质中的传播速度是相同的，在介质间相交的表面
上发生反射和折射，并且折射前后波的传输角度和速度变化仅与两种介质相
关。当前国内外研究的震动波速度模型分为三种，分别为单一速度模型、层
速度模型和网格速度模型。单一速度模型很容易理解，即认为震动波传播的
整个区域是均匀介质，因此震动波在其中的传播速度是一致的。层速度模型
则考虑地球内部层状地质结构，认为在同一地质层中介质是一致的，将震动

波速度按照垂直于地面的方向划分为不同的传输介质层，并为每一层定义一个传输速度。而网格速度模型，则是将传输介质更加细致地分成二维或三维的网格，认为每一个单元格中的介质是均匀的，而网格之间介质是不同的，并为每一个单元格赋一个特定的速度值。地层的实际介质环境并不是完全均匀、相同的，大体上按照层序变化，但是每一层中也存在不符合层序规律的"障碍物"，例如，煤层中可能存在岩石块、裂隙和构造突变等。结合以上分析可以看出，速度模型划分越细致，则对实际情况的反演程度就越好。正如目前普遍使用的三维网格速度模型，单元格划分越细致，理论上得到的定位结果就越准确，但是带来的计算开销也越大，计算所消耗的时间也越长，对于定位精度与速度模型细分所产生的时间损耗之间的矛盾，地球物理方面的学者已有详细的论述。但是无论何种速度模型，三者所对应的定位测距方法是相似的，区别在于未知参量或者未知变量的数量，算法复杂度不同，但是其反演原理与实现方式是一致的。

2. 矿震定位算法

矿震定位中，影响定位精度的因素有很多，包括速度模型、定位算法模型和传感器阵列布置，随着定位算法的快速发展，各种传感器阵列的位置部署都可以得到良好的数学模型，因此，阵列排布对定位精度的影响也随之降低，相对而言，精度也越来越依赖于定位算法。

矿震定位问题的实质在于求目标函数的极小值，在实际应用中通常假设煤岩体为均匀、各向同性介质，此时从震源到第 i 个检波器的时间可由式（6-10）确定：

$$t_i - t_0 = \frac{\sqrt{(x_0 - x_i)^2 + (y_0 - y_i)^2 + (z_0 - z_i)^2}}{V} \tag{6-10}$$

式中，(x_0, y_0, z_0) 为震源坐标；(x_i, y_i, z_i) 为检波器坐标；V 为均匀介质中的波速；t_i 为震波到达第 i 个检波器的时间；t_0 为震源的起震时刻。显然，式（6-10）中有 x_0、y_0、z_0、t_0 四个未知量，因此，当有四个独立的检波器时便可以解出震源坐标和起震时刻。

遗传算法具有天然的并行性，在迭代过程中，每个模型的适应度计算、变异、交叉等操作都可以很方便地进行并行化改造，符合目前技术发展的趋势，为此可采用遗传算法作为震源定位的求解方法。

遗传算法的单个迭代过程如下。

（1）繁殖。从模型空间随机产生一组模型，称这组模型为父模型，这组模型也是整个算法的起点。对这组模型分别计算每个模型对应的目标函数值，根据目标函数值的大小确定每个模型繁殖的可能性，适应度越高的模型具有更大的可能性进行后代的繁殖。

（2）交配。交配的方法是模拟自然界中动物的交配，用于产生新的子模型，具有更高适应能力的父模型将有更大的可能性进行交配，从而产生具有更优良性能的子代模型。

（3）变异。变异是指把子模型的基因，即待求解变量的描述方式中的某些位进行随机修改。变异与交配的区别是对交配来说，交配所产生的子模型中的各参数值不会超出各自的边界值，而变异却是随机的，可以产生随机的变化，从这个角度来看，变异是生物体进化的动力，也是遗传算法具有全局搜索能力的动力。根据遗传算法的计算步骤和震源定位的原理，微震定位方法如下。

以二维情况下的定位为例，当介质平均速度 v 已知时，解方程组：

$$\begin{cases} \dfrac{\sqrt{(x_1-x)^2+(y_1-y)^2}}{v} - \dfrac{\sqrt{(x_2-x)^2+(y_2-y)^2}}{v} = t_{12} \\ \dfrac{\sqrt{(x_2-x)^2+(y_2-y)^2}}{v} - \dfrac{\sqrt{(x_3-x)^2+(y_3-y)^2}}{v} = t_{23} \end{cases} \tag{6-11}$$

式中，(x_1, y_1)、(x_2, y_2)、(x_3, y_3) 为检波器坐标；(x, y) 为震源坐标；t_{12}、t_{23} 为测得的时差。可设置遗传算法的目标函数为

$$f(x,y) = \left| \dfrac{\sqrt{(x_1-x)^2+(y_1-y)^2}}{v} - \dfrac{\sqrt{(x_2-x)^2+(y_2-y)^2}}{v} \right.$$
$$\left. + \dfrac{\sqrt{(x_2-x)^2+(y_2-y)^2}}{v} - \dfrac{\sqrt{(x_3-x)^2+(y_3-y)^2}}{v} - t_{12} - t_{23} \right| \tag{6-12}$$

使目标函数最小的 (x, y) 组合即为震源坐标的数值解。

当介质平均速度 v 未知时，解方程组：

$$\begin{cases} \dfrac{\sqrt{(x_1-x)^2+(y_1-y)^2}}{v} - \dfrac{\sqrt{(x_2-x)^2+(y_2-y)^2}}{v} = t_{12} \\ \dfrac{\sqrt{(x_2-x)^2+(y_2-y)^2}}{v} - \dfrac{\sqrt{(x_3-x)^2+(y_3-y)^2}}{v} = t_{23} \\ \dfrac{\sqrt{(x_3-x)^2+(y_3-y)^2}}{v} - \dfrac{\sqrt{(x_4-x)^2+(y_4-y)^2}}{v} = t_{34} \end{cases} \tag{6-13}$$

式中，(x_1, y_1)、(x_2, y_2)、(x_3, y_3)、(x_4, y_4) 为检波器坐标；t_{12}、t_{23}、t_{34} 为测得的时差；(x, y) 为震源坐标。将方程组两两相除后，可以消去平均速度 v，因此，可以设置遗传算法的目标函数为

$$f(x,y)=\left|\frac{\sqrt{(x_1-x)^2+(y_1-y)^2}-\sqrt{(x_2-x)^2+(y_2-y)^2}}{\sqrt{(x_2-x)^2+(y_2-y)^2}-\sqrt{(x_3-x)^2+(y_3-y)^2}}\right.$$

$$\left.+\frac{\sqrt{(x_1-x)^2+(y_1-y)^2}-\sqrt{(x_2-x)^2+(y_2-y)^2}}{\sqrt{(x_3-x)^2+(y_3-y)^2}-\sqrt{(x_4-x)^2+(y_4-y)^2}}-\frac{t_{12}}{t_{23}}-\frac{t_{12}}{t_{34}}\right| \quad (6\text{-}14)$$

使目标函数最小的 (x,y) 组合即为震源坐标的数值解，以此实现震源目标的定位。

3. 算法评价

矿震定位算法是一个根据接收到的信息来推导出震动源信息的过程。其中，接收的信息是指传感器节点接收到的震动波信号，包括初至时间和振幅相位等，而需要得出的震源参数包括震源位置、震动时刻、震级能量等。从传感器信息到震源参数的映射可以表示为一个数学过程。定位方法有空间几何法和到达时间法两个大类，是根据它们使用的数学模型的不同划分的。空间几何法是通过震源位置相对于传感器的距离和角度来定位的，通过描述一个传感器点接收到的三维垂直正交方向上的信息的差异，可以描述纵波和横波的到达时间和振幅的关系，从而确定震源相对于该传感器的角度和距离。此方法需要使用到三维三分量传感器，监测室参数是每个分量上的到达时间和振幅。其优点是只需要一个传感器即可以定位震动源位置，缺点在于对于传感器的性能要求比较高。到达时间法是只通过纵波和横波相对于传感器的到达时间信息即初至信息来实现定位的。由于在地层传播介质中，传播时间相比于振幅保留得更加完整，信息更为稳定，因此，到达时间的可靠性比振幅要高。在实际应用中，到达时间法是普遍使用的方法。其原理也较简单且易于实现，即通过不同位置传感器对同一次震动活动的所获得的到达时间信息的差异来建立一个函数模型，继而通过数学方式判断震源的位置。

6.2　移动目标定位数据处理技术

移动目标定位数据处理技术是了解井下人员以及设备位置的关键技术，井下移动目标的定位监控也是煤炭行业多年来期待解决的技术难题，研究和开发井下移动目标的定位与跟踪技术对于提高生产效率、保障井下人员的安全、灾后及时施救与自救都具有十分重要的意义。

以人员定位技术为例，井下人员定位属于监控系统的一部分，将无线定位技术应用于井下人员和移动设备的定位是目前研究的重要课题和热点之一。国内外学术与科研机构为此做了大量的工作，取得了一定的成果，研发和实验了许多相关的技术与产品，期望改善井下无线监测与监控的现状。

然而，与地面或室内情况不同，井下作业和井下环境有其特殊性。井下巷道可达数十千米、生产作业地点分散、人员流动性大、工作环境恶劣。对于无线信号的传输，井下巷道又是一个复杂、特殊而又独立的信道环境。无线信号在巷道内传输存在着大量的反射、散射、衍射以及透射等现象，呈现出很强的多径效应。有关封闭巷道内的电磁信号的传输模型及其对无线定位影响的研究至今还不完善，无法对无线定位精度的提升提供理论上的指导和支持，严重制约了无线通信技术和无线定位技术向井下应用领域的拓展。国内目前所使用的井下人员定位与跟踪技术，从技术本质上说仅仅是一种考勤记录系统或者仅停留在粗略定位的层面上，完成大致的位置确定，而非真正精确的人员定位跟踪。国内对于井下人员定位与跟踪技术的研究目前仍然是一个相对薄弱的领域。

总之，煤矿安全生产的现实对井下精确定位系统的要求十分迫切，无线定位技术的井下应用势必可以丰富井下安全监控的技术手段，提供安全生产的技术保障。地面无线定位理论和技术的发展为井下无线精确定位提供了技术支撑。因此，研究井下人员或移动设备的无线精确定位算法是必要的、可行的，且具有重要的理论和现实意义。

另外，移动目标检测与跟踪首先都需要考虑怎样对移动目标进行有效描述，即采用什么样的目标特征描述对象使其在特征空间上能较好地将目标从背景中分离出来。二者的区别在于，目标跟踪由于完全标注的训练样本较少和实时性要求较高，因此在选用特征或者描述目标实时性时往往对计算效率有更高的要求，如要求具有较低的维数以及要求计算尽量高效等。本章接下来首先介绍常用移动目标定位算法，然后介绍目标检测和目标跟踪相关算法。

6.2.1　常用移动目标定位算法

常用移动目标定位算法主要包括基于测距的定位算法和基于非测距的定位算法。目前在定位系统中使用较多的非测距定位算法包括质心定位算法、DV-Hop 算法、APIT 算法、凸规划定位算法等，这类算法具有对硬件要求低的优点，但同时具有运算量大、定位精度差的缺点，只适用于对精度要求不高的区域定位系统中，且要求系统具有较高的处理能力；常用的基于测距的定位算法包括 Two-phase positioning 算法、三角算法、三边算法、Bounding box 算法等，这类定位算法对硬件要求较高，需要获得距离信息，但是定位精度也较高。在使用基于测距的定位算法时，测距手段包括 RSSI（信号强度）、TDOA（到达时间差）、TOA（到达时间）等。其中，以 RSSI 和 TDOA 这两种测距手段最为常用。

1. 基于测量距离的定位算法

基于测量距离的测距定位技术是通过测量锚节点到未知节点之间的实际电

磁波信号强弱、到达时间、到达时间差以及到达角度等来计算盲节点的位置坐标，采用测距、定位和修正等步骤来完成一次目标定位过程。在理想情况下，测量距离定位算法的精度较高，误差率低；但这一类方法对传感器节点的硬件设计要求较高，定位计算过程中所消耗的能量也较多。通常将测量距离定位算法分为接收信号强度指示 RSSI 算法、到达时间（time of arrival，TOA）、到达时间差（time difference of arrival，TDOA）和到达角度（angle of arrival，AOA）四种定位算法。

1）基于 RSSI 的定位算法

RSSI 定位算法是依据传感器网络中锚节点向有限通信空间中发射电波信号，接收端测量接收到锚节点至未知节点之间的电波信号传输损耗的强弱，再利用无线电定位对数传输损耗模型或经验模型将这个电波信号值转化为两点间的距离值，最后通过坐标换算方法如三角算法、三边算法或极大似然估计法计算出被定位物体的位置。在矿井通信中直接利用矿用智能终端的射频收发模块向巷道中 AP 不停地广播发送无线电信号，如智能矿灯的 MAC 地址、RSSI 值和 LQI 值等信息；当三个以上的基站接收到智能终端发送的 RSSI 信息后立即传送给上位机，定位引擎系统通过相关算法计算得出智能终端在巷道中的具体位置坐标，从而实施了人员定位管理。RSSI 定位算法的流程图如图 6-7 所示。

图 6-7　RSSI 定位算法流程图

目前，无线传感器网络中常用的无线传播模型有三种，它们分别是自由空间（free-space）传播模型、双径地面反射（two-ray ground reflection）传播模型和阴影屏蔽（shadowing）传播模型。而自由空间传播模型和双径地面反射传播模型属于直接以圆形信号的传播建立模型，即电磁波信号在空间中传播是一个理想的圆，通过接收电磁波信号能量确定信号的传播距离。由于信号在传播过程中易受多径效应和非视距障碍物的遮挡影响，自由空间传播模型和双径地面反射传播模型在定位计算中不能完美发挥；而阴影屏蔽传播模型对以理想半径为圆形的空间模型进行了补充，充分考虑到环境变化对信号传播的损耗影响，采用了更加符合实际要求的统计模型。在实际场景运用中，传感器节点接收到的无线电信号强度是一个随机变量，由于多径、散射和非视距的影响，传播路径分散交叉，那么接收到的电波能量符合对数正态分布随机变化，一般选用阴影屏蔽传播模型路径损耗公式来计算接收端的信号强度：

$$PL(d) = PL(d_o) - 10\alpha \lg\left(\frac{d}{d_o}\right) - \varepsilon_\sigma \qquad （6-15）$$

式中，$PL(d)$表示电磁波信号经过距离 d 后的信号强度 RSSI 值；$PL(d_o)$为在参考距离 d_o 时的信号强度，通常取 $d_o = 1m$；α 为路径损耗衰减因子，用来描述电磁波信号强度跟随距离增加而减少的参量，根据实际环境多次测量取平均值，通常取值为 1～5；ε_σ 表示均值为零，方差为 σ 的高斯随机变量，其标准差一般为 4～10，表示周围环境参数对测量无线电信号的影响。

2）基于 AOA 的定位算法

AOA 定位算法首先测量目标与参考节点之间的方向角度，然后综合角度信息以及参考节点的位置来估计目标所在坐标系中的位置。例如，采用天线阵列或收发装置得到基站发射的信号方向与参考节点构成的夹角度数，然后采用三角算法来获得定位终端位置信息。

如图 6-8 所示，基站 A 和基站 B 分别是目标点 T 的参考节点，角 α 和角 β 分别是基站 A 和基站 B 测出的 T 点的信号到达角度，已知 A 点的坐标为 (x_1, y_1)，B 点的坐标为 (x_2, y_2)，假设 T 点坐标为 (x, y)，则它们三个节点的位置关系表达式如式（6-16）所示：

$$\begin{cases} (y - y_1)\sin\alpha = (x - x_1)\cos\alpha \\ (y - y_2)\sin\beta = (x - x_2)\cot\beta \end{cases} \qquad （6-16）$$

式（6-16）是一个关于 (x, y) 的非线性方程组，当 T 点处于基站 A 和基站 B 的连线上时，方程有无穷多解；此时应该在基站 A 和基站 B 增加另外一个基站来测量角度辅助定位。

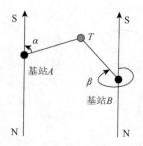

图 6-8　AOA 测距技术示意图

AOA 定位算法的优点在于当没有障碍物遮掩时会有很高的精度，定位误差较小。它的测量精度取决于传感器硬件和传播信号的质量，易受测量环境的影响。缺点是需要另外增加硬件，成本较高；当被测节点离基站较远时，测量基站角度的微小偏差变动都会引起定位角度误差，不能达到高精度定位的目的；另外在非视距传播环境中，由于多径效应干扰以及障碍物阻挡，误差率增大。

3）基于 TOA 的定位算法

TOA 定位算法是数字信号处理领域的一个非常重要的研究方向。在无线通信、定位和跟踪系统中，TOA 定位算法要求锚节点或者基站达到精确的时钟同步，与传统的时延估计理论一样，因此它也被称为传输时延估计。

TOA 定位算法是指信号发送端和接收端之间的距离可以用信号传播的时间和传输的速度来计算。无线电信号的传播速度是已知的，通过测量接收端与发送端的时间来计算出节点间的距离，再通过三边算法计算位置坐标。例如，声波的传播速度是 343m/s（20℃环境中，也就是说声音信号传播 10m 的距离大约需要 10ms），而无线电信号以光的传播速度 3.0×10^8m/s 来传播 10m 的距离只需要 10ns。假设传播速度已知为 v，传播所需时间设为 t，传感器节点之间的距离为 d（m），则距离的计算公式为

$$d = tv \tag{6-17}$$

一旦取得了多个 TOA 测量值，就可得到未知节点和多个锚节点的距离，从而构成圆周方程组，求解该方程组就能得到移动目标的估计位置。如何确定二维平面基于距离测量的目标位置，图 6-9 给出了一个简单示例。假设有三个锚节点，目标节点可以与它们进行通信。已知每个锚节点和未知节点距离测量结果，未知节点位于以锚节点位置为圆心、以未知节点距离测量结果为半径的圆上某点。通常两个距离圆相交于两点，形成目标位置估计的两个解。为了解决两个解的不确定性问题，需要第三个锚节点的距离测量结果形成的第三个距离圆。

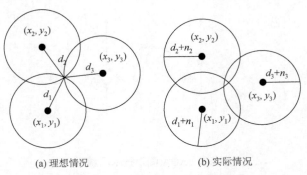

(a) 理想情况　　　　　　　　　(b) 实际情况

图 6-9　基于三个锚节点的位置估计模型

这类方法相比于一些高级算法在实现上具有简便性，但由于其分辨率有限，最多只能达到信号带宽的倒数，因此对信号带宽要求较高。在该算法中，由于采用无线电信号传播，需要很高的分辨率时钟，因此时间同步是算法最大的难点。

在接收端和发送端都需要传感器网络统一的高度精准时间同步机制，增加了时间同步硬件设备，同时增加了传感器的损耗和复杂度。

4）基于 TDOA 的定位算法

TDOA 定位算法是在同一网络发送端点同时传输发射两种速率不同的电波信号，如无线电信号与超声波信号，接收端接收到这两种信号的到达时间不同，利用这个时间差来估计发送端和接收端之间的距离；再利用位置精化坐标换算方法计算出未知节点的坐标值。与 TOA 定位算法相比，TDOA 定位算法不需要所有基站时间精确同步，但是参与定位的基站必须进行时间同步管理。

如图 6-10 所示，发送端发射无线电信号 V_1 和超声波信号 V_2，接收端测量到这两种信号的到达时间分别是 t_1 和 t_2，利用 TDOA 定位算法可求出未知节点到信标节点之间的距离。

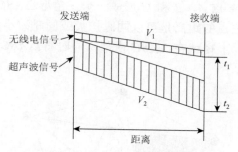

图 6-10　TDOA 测距原理图

已知无线电信号与超声波信号的速率分别是 v_1 和 v_2，到达时间分别是 t_1 和 t_2，那么两个传感器节点之间的距离可表示为

$$d = (t_2 - t_1)\frac{v_1 v_2}{|v_1 - v_2|} \qquad (6\text{-}18)$$

相比其他定位算法，TDOA 定位算法具有较高的定位精度，该算法不需要未知节点与信标节点之间时间同步，但是需要参与定位的全网基站时间精确同步，同时需要两种不同的传播介质，缺点是需要额外的硬件支持，造成网络计算度复杂、通信开销大、成本高。

2. 与测量距离无关的定位算法

前面提到的定位算法都是基于测距类，虽然测距定位能够满足现行矿井通信网络精确定位的要求，但是对传感器节点硬件要求较高，花费代价高昂。而矿井恶劣环境通信中非测距定位算法不需测量传感器节点间的绝对距离以及方向角或到达时间差等信息，也不需要额外的硬件环境支持，在成本和效率上比测距类定位算法更具有优势，而且算法不受测距误差的影响。目前，非测距类定位算法主要有质心定位算法、APIT 算法、DV-Hop 定位算法和凸规划定位算法等，下面对这几种常规算法进行简要分析。

1）APIT 算法

三角形内点近似估计（approximate point-in-triangulation test，APIT）算法是一种基于区域不需测量距离的定位算法。该算法的原理是最先确定包括多个未知节点的三角形区域交集组成一个多边形区域，然后确定更小的包含未知节点的位置区域，最后通过计算多边区域的质心求解未知节点的位置。APIT 算法也需要事先知道三个以上的锚节点的位置坐标，每三个锚节点形成一个三角形区域，根据未知节点在区域内部还是区域外部来确定缩小它可能的位置范围。APIT 算法的关键步骤是三角区域内节点的 PIT 测试，确定一个节点所在的三角形组。当一个节点 M 接收到一系列锚节点位置消息时，它就会测试锚节点所有可能组成的三角形。三个锚节点 A、B 和 C 形成一个三角形 $\triangle ABC$，如果 M 的一个邻居节点到 A、B 和 C 三点的距离是可以同时扩大或同时缩小，那么就可以断定 M 点在 $\triangle ABC$ 外部。否则 M 就在 $\triangle ABC$ 内部，同时将 $\triangle ABC$ 加入包含 M 的三角形组中，如图 6-11 所示。

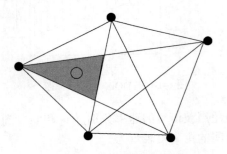

图 6-11　APIT 算法示意图

由于要求节点可以向任何方向自由移动，因此理想的 PIT 测试在实际应用中不是很灵活，但是传感器节点在密度较大的时候可以使用该技术。PIT 方法是利用邻居节点的信标交换信息来模拟理想 PIT 测试中的节点移动。可以使用节点与锚节点间的信号强度来估计离锚节点更近的点；然后，如果 M 的邻居节点中没有同时距离 A、B 和 C 更近的点，则 M 在 $\triangle ABC$ 内部，否则就认为 M 在 $\triangle ABC$ 外部。

如图 6-12 所示，M 为待定位节点，A、B、C 为锚节点，①、②、③和④为待定位节点 M 的邻居节点，箭头为待定位节点的移动方向。在图（a）中，M 周围有四个邻居节点，这四个节点没有一个到三个锚节点的距离比其他三个同时更近或更远，因此，可以判断出 M 在 $\triangle ABC$ 内部。而在图（b）中，节点④到三个

锚节点的距离比 M 到这三个锚节点的距离都近；节点②到三个锚节点的距离比 M 到这三个锚节点的距离要远得多，因此可以判断出节点 M 在 $\triangle ABC$ 外部。在该方法中，由于只有有限个方向（邻居的个数）是可以计算的，因此节点可能会存在误判情况。例如，在图 6-12（a）中，如果节点④的 RSS 测量表明它到 B 的距离比 M 到 B 远（如节点 B 与节点④之间有障碍物），那么就会认为 M 在 $\triangle ABC$ 的外部。通过 APIT 算法测试完成后，可以用节点 M 所在的三角形的交集的重心来表示节点 M 的位置。

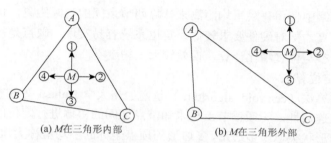

(a) M 在三角形内部　　　　　　　　　(b) M 在三角形外部

图 6-12　测试原理图

在随机选取布置的传感器网络环境中，APIT 算法的优点是精度高、定位性能稳定；缺点是 APIT 定位测试对 WSN 内部连通性的要求较高。

2）DV-Hop 定位算法

DV-Hop（distance vector-hop）定位算法是 2001 年罗格斯大学的 Niculescu 等利用距离矢量路由（distance vector routing）原理以及 GPS 定位原理提出的一种基于分布式连接的非测距类定位算法，其合称为 APS（Ad-hoc positioning system）。DV-Hop 定位算法是其中一种。DV-Hop 定位算法首先计算传感器网络中节点间的最小路数，再估计每跳平均距离，用跳数与每跳平均距离相乘得出锚节点到未知节点的距离；最后使用基本坐标计算方法如多边测量估算未知节点的坐标。其估计每跳平均的实际距离如式（6-19）所示：

$$\text{HopSize}_i = \frac{\sum\limits_{i \neq j} \sqrt{(x_i - x_j)^2 + (y_i - y_j)^2}}{\sum\limits_{i \neq j} h_j} \tag{6-19}$$

式中，(x_i, y_i)、(x_j, y_j) 分别是锚节点 i 和 j 的坐标；h_j 是信标节点 i 与 j（$i \neq j$）之间的跳数。如图 6-13 所示，可以计算出信标节点 L_1 与 L_2 和 L_3 之间的实际距离和跳数。锚节点 L_2 的每跳平均距离为 $(46+80)/(2+5) = 18(\text{m})$。假设节点 A 从 L_2 获得每跳平均距离，则节点 A 与三个信标节点（L_1, L_2, L_3）之间的距离为 $L_1 = 3 \times 18\text{m}$，$L_2 = 2 \times 18\text{m}$，$L_3 = 3 \times 18\text{m}$，最后用极大似然估计法根据信标节点的坐标值和距离计算出未知节点的位置。

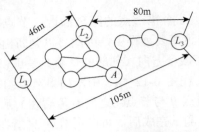

图 6-13　DV-Hop 定位算法示意图

　　传感器网络中使用每跳平均距离来计算两节点间的实际距离，优点是对网络连通性要求过高，但对硬件要求较低，定位系统容易实现；缺点是每跳平均距离替代直线距离参与位置精化计算，误差较大，精度不高。

　　3）质心定位算法

　　质心定位算法（centroid algorithm）是南加州大学 Bulusu 等专家提出的一种仅仅依靠网络连通性，无须锚节点与未知节点之间的协调进行定位的算法，多个锚节点组成的形状类似于多边形，多边形的顶点坐标的平均值称为质心节点坐标。

　　图 6-14 所示为质心定位算法示意图。多边形 $A_1A_2A_3A_4A_n$ 的顶点分别表示锚节点，图中 N 点为未知节点，当 N 点接收到来自不同锚节点的信标分组数量超过一个限定值 n 或是一定时间后，N 点就可以确定自身位置为这组锚节点所组成的 n 边形质心坐标，其质心坐标公式如式（6-20）所示：

$$(x,y) = \left(\frac{x_{i1} + \cdots + x_{in}}{n}, \frac{y_{i1} + \cdots + y_{in}}{n} \right) \tag{6-20}$$

式中，n 为超过阈值的高连通性的锚节点数；(x_{i1}, y_{i1})，$\cdots$，(x_{in}, y_{in}) 为锚节点的坐标值。质心定位算法的优点是计算简单易于实现，缺点是完全依靠网络连通性，需要更多的锚节点，代价较高。

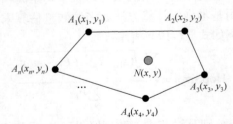

图 6-14　质心定位算法示意图

　　4）凸规划定位算法

　　凸规划定位算法是把节点之间的相互通信看成节点位置的几何约束关系，将整个网络换算成一个凸集模型，把节点定位转化成一个凸约束优化来解决，根据全局优化的方案，得到未知节点的位置坐标，凸规划定位算法示意图如图 6-15 所示。

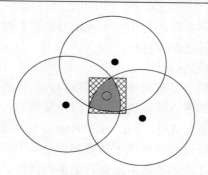

图 6-15 凸规划定位算法示意图

凸规划定位算法同样依赖传感器网络连通性，计算未知节点大概约束区域交叠部分（图 6-15 中所示的灰色阴影部分），并得到相应矩形区域，然后以矩形质心作为未知节点位置。

3. 两类算法的比较

目前专家学者对定位算法的研究大都集中在能耗、成本和定位精度等方面，由于传感器网络运用场景不同，对精度和误差范围标准要求也不同，没有普遍合适的综合定位算法。因此，根据不同项目实施，综合考虑分析节点规模、实际环境以及代价和定位精度等需求，可以选择测距类、非测距类或是两者混合的定位算法来满足不同环境需求的定位精度。

1）测距类定位算法的对比

测距类定位算法通常是通过测量锚节点到未知节点间的直线距离、角度或时间的值，再采用数学方法精化计算出未知节点的位置坐标。基于测距定位的四种算法 RSSI、AOA、TOA 和 TDOA 的性能对比如表 6-3 所示。

表 6-3 四种基于测距定位算法的对比

定位算法指标	RSSI	AOA	TOA	TDOA
测距误差	大	较大	较小	较小
定位精度	中	高	高	高
通信距离	较长	不限	较短	较短
抗干扰能力	易受电磁干扰	不适用于室内、地下环境	受多径效应、混响效应影响	受多径效应、混响效应影响
网络环境	频谱环境简单的无人区域	大范围开阔区域	小范围、室内环境	小范围、室内环境
硬件代价	无须额外装置	需要外接装置	声波收发装置	超声波收发装置

由表 6-3 可以看出，各种定位算法运用场景不同，定位的实施效果也截然不

同，这些算法都容易受外界环境的干扰和视距与非视距的影响，导致定位精度不高，定位物体容易发生抖动和漂移等。

2）非测距类定位算法的对比

非测距类定位算法机制是依托传感器网络的内部连通性来计算网络中未知节点的位置，免去测量未知节点的距离或是方向角度信息，降低节点对额外硬件的需求。非测距类定位算法有 APIT 算法、DV-Hop 定位算法、质心定位算法和凸规划定位算法等，这些算法受外界环境干扰影响较小，但定位误差相对于测距定位算法来说有所增加，其在成本和效率上具有更多的优势。四种非测距定位算法的性能对比如表 6-4 所示。

表 6-4   四种基于非测距定位算法的对比

定位算法指标	APIT 算法	DV-Hop 定位算法	质心定位算法	凸规划定位算法
定位精度	较好	较好	一般	较好
锚节点密度	影响较大	影响较小	影响较大	影响较大
定位时间	一般	较长	一般	长
通信开销	一般	较大	较大	大

由表 6-4 可知，非测距定位算法对传感器网络的拓扑结构要求较高，它们利用网络的连通性信息参与定位，不受测距误差的影响。虽然定位精度不高，但其在成本能耗、硬件要求等方面，以及在某些环境无法运用测距技术的情况下具有一定的优势。

6.2.2　移动目标跟踪算法

移动目标跟踪的目的是通过建立背景模型，从视频序列图像中提取到感兴趣的移动目标，提取到目标后对该目标进行跟踪，获得目标各项参数，诸如位置、速度和加速度等，进而建立起目标在视频序列中的对应关系，为后期的高层视觉处理提供可靠的数据分析，其结果直接影响到对视频的分析和理解。模型具体流程如图 6-16 所示。因此移动目标检测和跟踪作为智能视觉监控的关键技术，不仅直接决定了系统性能，同时是计算机视觉中最重要和最具挑战性的研究课题之一。

图 6-16　移动目标跟踪一般框架

目前，矿山移动目标跟踪模型的建立面临以下几方面挑战。

（1）煤矿监控环境的复杂性。

与停车场、银行等公共场景不同，煤矿井下环境特殊，噪声大，需要 24 小时人工照明，亮度不均，目标边缘或区域特征不明显，几乎所有的图像都是以黑色、灰色、白色为主，这就导致目标和背景特征相似、分辨率低等。

（2）缺乏领域知识支持。

目标检测与跟踪算法很少具有通用性，一般情况下以针对特定领域开发居多。现有的机器智能视觉系统缺乏对煤矿先验知识和经验的有效利用，例如，很少能够将这些领域知识表示和组织起来，然后对它们进行融合处理，并且能够逆向反馈到机器视觉系统，而这却是人类视觉常用的方法。

（3）目标外观变化。

在目标检测跟踪过程中目标对象外观不可能一直不发生变化，这是由于目标自身有可能发生尺度、形状、角度旋转等变化；或者由拍摄距离、角度变化以及光照变化等导致的目标外观发生改变。要长时间检测跟踪目标，就要求检测跟踪算法能够适应这些变化。

（4）鲁棒性和实时性之间的平衡。

煤矿监控数据量大，当处理复杂背景时，算法通常需要耗费大量时间。但对于井下环境，安全重于泰山，对实时性要求很高，既要求实时检测物体，又要求能实时跟踪，快速分析并判断是否发生异常，因而开发出同时具备快速性与准确性的目标检测与跟踪算法是至关重要的。这就需要对鲁棒性和实时性进行折中考虑，使二者达到平衡。

常用的跟踪方法有确定性跟踪方法和概率跟踪方法。粒子滤波算法作为一种概率跟踪方法，已经被广泛应用在目标跟踪领域。粒子滤波算法通过蒙特卡罗模拟方法来实现移动目标状态的递归贝叶斯估计，即从目标状态的后验概率中随机抽取状态粒子，并通过观察目标似然函数，修正各个粒子的权值，最终获得各粒子表示目标的状态分布，进而确定目标状态。粒子滤波算法在实际应用中需要解决如下关键问题。

（1）重新定位。长时间的视觉跟踪需要跟踪器有自我意识的跟踪状态。一个跟踪应该知道对象是否离开视野或被遮挡，然后如果对象重新出现，则重新获取该对象的定位。

（2）外观变化。跟踪过程中不可避免地会出现各种动态变化，例如，视点的改变、姿势的变化以及照明条件的变化都可以造成物体外观的变化，而物体外观的变化是研究视觉跟踪的主要挑战之一。粒子滤波算法利用目标区域描述目标，从而导致在跟踪过程中，如果目标与背景相似，跟踪算法容易陷入局部最优，因此不能准确定位目标位置，导致跟踪漂移。

（3）时间性能。粒子滤波算法的跟踪精度与采样的粒子数目成正比，为了逼近最优估计，提高跟踪的准确性，通常需要大量的粒子，而粒子数的增加会使计算量成级数增加，影响到跟踪的实时性。因此，视觉跟踪的实时性与准确性两者的平衡是在实践中要考虑的一个重要因素。

粒子滤波算法是一种基于蒙特卡罗思想的近似贝叶斯滤波算法。蒙特卡罗思想是指用一些粒子（离散的随机采样点）来近似表示系统随机变量的概率密度函数，用样本均值代替积分运算，最终得到状态的最小方程估计。粒子滤波算法中的粒子根据贝叶斯准则（预测与更新）进行适当的加权和递归传播。

一般地，贝叶斯滤波分为两个过程：预测过程和更新过程。预测过程利用系统模型预测状态的先验概率密度，更新过程则利用最新的测量值修正先验概率密度，最后计算出后验概率密度。

（1）预测过程：根据视觉特征观测 Z_{k-1}，预测 k 时刻视觉目标状态向量 x_k：

$$p(x_k \mid Z_{k-1}) = \int p(x_k \mid x_{k-1}) p(x_{k-1} \mid Z_{k-1}) \mathrm{d}x_{k-1} \tag{6-21}$$

（2）更新过程：由 $p(x_k \mid Z_{k-1})$ 得到 $p(x_k \mid Z_k)$：

$$p(x_k \mid Z_k) = \frac{p(x_k \mid x_k) p(x_k \mid Z_{k-1})}{p(y_k \mid Z_{k-1})} \tag{6-22}$$

在贝叶斯滤波的基础上，粒子滤波算法可以表示如下。

（1）粒子初始化，设置 $k = 0$，按 $p(x_0)$ 抽取 N 个样本点 $x_0^{(i)}$，$i = 1, 2, \cdots, N$。

（2）预估粒子状态，根据 $\widetilde{x_k^{(i)}} \sim q(x_k \mid x_{0:k-1}^{(i)}, z_{1:k})$，令 $\widetilde{x_{0:k}^{(i)}} = (x_{0:k-1}^{(i)}, \widetilde{x_k^{(i)}})$, $i = 1, 2, \cdots, N$。

（3）系统观测，计算权值：

$$\omega_k^{(i)} = \omega_{k-1}^{(i)} p(z_k \mid x_k^{(i)}) \tag{6-23}$$

（4）归一化权值：

$$\omega_k^{(i)} = \frac{\omega_k^{(i)}}{\sum\limits_{j=1}^{N} \omega_k^{(j)}} \tag{6-24}$$

（5）根据 $\omega_k^{(i)}$ 的大小判断是否进行重采样，根据权值大小，复制或舍弃样本 $\widetilde{x_{0:k}^{(i)}}$ 得到 N 个近似服从 $p(x_{0:k}^{(i)} \mid z_{1:k})$ 分布的样本 $x_{0:k}^{(i)}$，令 $\omega_k^{(i)} = 1/N$。

（6）输出目标状态表示，使用粒子集 $\{x_{0:k}^{(i)} : i = 1, 2, \cdots, N\}$ 近似表示后验概率和函数 $g_k(x_{0:k})$ 的期望：

$$p(x_{0:k} \mid z_{1:k}) = \frac{1}{N} \sum_{i=1}^{N} \delta_{x_{0:k}^{(i)}} (\mathrm{d}x_{0:k}) \tag{6-25}$$

$$E(g_k(x_{0:k})) = \frac{1}{N} \sum_{i=1}^{N} g_k(x_{0:k}^i) \tag{6-26}$$

（7）令 $K = K+1$，重复步骤（1）～（6）。

粒子滤波算法首先需要建立合适的目标似然模型，一个好的目标似然模型应该具有局部好的区分性、适应环境变化、易于计算的优点。目标似然模型由目标的视觉特征描述，但目标的单一特征不能满足复杂环境下的目标跟踪问题，而且某一特征不一定总比其他特征更加有效。但是传统粒子滤波的一个主要问题是粒子的退化现象。为了进一步优化跟踪结果，从函数回归的角度出发，根据预测得到的粒子集及其权值，利用极限学习机（ELM）估计出粒子后验分布中概率密度，根据这个关系重新调整粒子的权值，提高粒子的多样性，从而有效避免粒子的退化。可以在遮挡、姿态变化和形变等情形下提高粒子滤波算法的准确性和鲁棒性，降低计算复杂度，进一步增强了算法的实时性。

通常使用重采样后赋予一个相等的权值改善粒子滤波器跟踪过程中出现的粒子退化现象，但是这种方法不仅导致多次复制大权值粒子，而且丢弃了粒子集的多样性，产生样本枯竭问题。因此需要应用基于概率密度估计的粒子滤波改进算法来解决这一问题，该算法利用估计粒子状态的后验概率密度模型，再基于该模型进行重采样得到新的粒子集，以增加粒子的多样性，避免粒子退化现象出现。

而概率密度估计可以转化为求正则化泛函最优的问题。因此在再生核 Hilbert 空间中，寻求算子方程有如下形式的解：

$$f(x) = \sum_{i}^{m} \alpha_i k(x_i, x) \tag{6-27}$$

$$\Omega(f) = \langle f, f \rangle_H = \sum_{i,j=1}^{m} \alpha_i k(x_i, x) \tag{6-28}$$

若在 ELM 特征映射空间 H 中，寻求算子方程有如下形式的解：

$$f(x) = \sum_{i=1}^{L} \beta_i h_i(x) \tag{6-29}$$

可得正则化泛函：

$$\Omega(f) = \langle f, f \rangle_H = \sum_{i,j=1}^{L} \beta_i \beta_j h_i(x) \tag{6-30}$$

因此，概率密度估计求解算子方程的问题可转换为如下最优化问题：

$$\min W(\beta) = \frac{1}{2} \|\beta\|^2 \tag{6-31}$$

ELM 改进重采样算法的具体流程描述如下。

（1）获取准备重采样的原粒子集和权值。

（2）为粒子集合对应权值构建分布函数。

（3）利用概率密度模型初始化，选择核函数 $k(x, y)$，设置参数 C 和 L（采样点的个数），随机生成参数序列 $\{(a_i, b_i)\}_{i=1}^{L}$；计算隐含层矩阵 $H = (\phi(x_1), \phi(x_2), \cdots,$ $\phi(x_{l+u}))^{\mathrm{T}}$，计算矩阵 Z；求解 $f(x) = \sum_{i=1}^{L} \beta_i h_i(x)$ 得出状态后验概率密度模型。

（4）根据上述概率密度对新的粒子集 $\widetilde{x_k^j}$ 进行随机采样，并设定所有粒子的权值为 $\widetilde{\omega_k^j} = 1/N$。

算法时间复杂度分析：假设样本个数为 m，使用支持向量机概率密度估计粒子滤波算法计算出向量 z_i 的时间复杂度为 $O(m)$，求解二次规划问题最少需要 $O(m^2)$ 的时间复杂度，因此总的时间复杂度为 $O(m^2+m)$，而基于 ELM 回归的粒子滤波算法需要 $O(L^3+m)$ 的时间复杂度，其中，L 表示 ELM 隐含层节点的个数。当 $L \ll m$ 时，$O(L^3 + m) \ll O(m^2 + m)$，因此基于回归的粒子滤波算法具有较低的时间复杂度。

在贝叶斯状态估计意义下，视觉跟踪可定义如下：在 t 时刻给定目标状态，目标的观测似然为 X_t，其中 $p(Z_t \mid X_t)$ 为观测模型；Z_t 为观测概率，定义 $Z_{1:t}$ 为视觉目标的视觉特征概率分布。那么所谓的视觉跟踪问题，就是根据整个视觉特征观测 $Z_{1:t}$，递推求解在 t 时刻视觉目标状态向量 X_t 的后验概率 $p(X_t \mid Z_{1:t})$ 以及 X_k 的一个最优估计量 $\hat{X}(t)$。

针对粒子滤波框架下进行多特征融合的跟踪，其关键问题是建立基于多特征的目标表示。

假设 n 个特征的观测是对立的，在 t 时刻，观测模型表示为 $Z_t = (Z_t^1, Z_t^2, \cdots, Z_t^n)$，则可以利用多个特征的联合相似度来计算总体的观测似然：

$$p(Z_t \mid X_t) = \prod_{i=1}^{n} p(Z_t^i \mid X_t) \tag{6-32}$$

具体的基于粒子滤波的多特征融合跟踪算法如下。

（1）建立用 m 个特征描述目标的多特征模型 Q：

$$Q = \{q_i\}_{i-1,2,\cdots,m} \tag{6-33}$$

式中，i 表示颜色、纹理、形状等不同特征空间；q_i 表示各个特征子模型，$q_i = \{q_{u_i}((\hat{y}))\}_{u_i=1,2,\cdots,m}$，一般使用加权核函数直方图表示 q_{u_i}：

$$q_{u_i}(\hat{y}) = C_h \sum_{l=1}^{B} K\left(\frac{\|y - x_l\|}{a}\right) \delta[b_i(x_l) - u_i] \tag{6-34}$$

式中，$\hat{y}$ 为目标区域的中心位置；B 为目标区域的像素数目；a 为目标区域的尺度；δ 为 Kroneker dalta 函数；$b_i(x_l)$ 为像素 x_l 的特征；u_i 为各特征空间的子区间；$K(r) = 1 - r^2$ 为核函数。

（2）将粒子集中各个粒子所在区域作为候选目标，建立对应的候选模型：

$$P^{(j)} = \{p_{i,j}\}_{i=1,2,\cdots,m}^{j=1,2,\cdots,L} \qquad (6\text{-}35)$$

式中，j 表示粒子；$p_{i,j} = \{p_{u_i}(y_j)\}_{u_i=1,2,\cdots,m}$ 为候选模型的第 i 个特征子模型，y_j 为粒子的中心位置。利用 Bhattacharyya 系数度量粒子区域和各特征子模型的相似度：

$$\rho_{i,j} = \sum_{u_i=1}^{m_i} \sqrt{p_{u_i}(y_j)q_{u_i}(\hat{y})} \qquad (6\text{-}36)$$

（3）多特征融合，考虑到用单一特征进行观测并不可靠，因此根据各特征的跟踪性能将子模型之间的相似性进行加权融合，获得总的相似性度量结果为

$$\rho_j(P,Q) = \sum_{i=1}^{n} \lambda_i \rho_{i,j} \qquad (6\text{-}37)$$

式中，n 为特征个数；λ_i 为各特征的融合权值，其值越大表示该特征的可信度越高，且满足 $\sum_{i=1}^{n} \lambda_i = 1$。

（4）计算粒子权值：

$$w_k^j = \frac{1}{\sqrt{2\pi\sigma^2}} \exp\left(-\frac{d_j^2}{2\sigma^2}\right) \qquad (6\text{-}38)$$

式中，w_k^j 为第 k 帧中第 j 个粒子的权值；σ 为高斯分布的方差；d_j 为第 j 个粒子的目标直方图 Q 和候选直方图 P 的距离，$d_j = \sqrt{1 - \rho_j(P,Q)}$。

参 考 文 献

[1] 张申. 煤矿自动化发展趋势[J]. 工矿自动化，2013，39（2）：27-33.

[2] 张申，赵小虎. 论感知矿山物联网与矿山综合自动化[J]. 煤炭科学技术，2012，40（1）：83-86.

[3] 张申，丁恩杰，徐钊，等. 物联网与感知矿山专题讲座之二——感知矿山与数字矿山、矿山综合自动化[J]. 工矿自动化，2010，36（11）：129-132.

[4] 姚建铨，丁恩杰，张申，等. 感知矿山物联网愿景与发展趋势[J]. 工矿自动化，2016，42（9）：1-5.

[5] 徐峰，严学强. 移动网络扁平化架构探讨[J]. 电信科学，2010，26（7）：43-49.

[6] 尹洪胜. 煤矿瓦斯时间序列分析方法与预警研究[D]. 徐州：中国矿业大学，2010：18-33.

[7] 胡广书. 现代信号处理教程[M]. 北京：清华大学出版社，2004：239-266.

[8] Ma H，Ding E，Wang W. Power reduction with enhanced sensitivity for pellistor methane sensor by improved thermal insulation packaging[J]. Sensors and Actuators B：Chemical，2013，187：221-226.

[9] 魏臻，陆阳. 矿井移动目标安全监控原理及关键技术[M]. 北京：煤炭工业出版社，2011.

[10] 傅祖芸. 信息论——基础理论与应用[M]. 2版. 北京：电子工业出版社，2008：304-339.

[11] Welch T A. A technique for high performance data compression[J]. IEEE Computer，1984，17（6）：8-19.

[12] 赵志凯. 半监督学习及其在煤矿瓦斯安全信息处理中的应用研究[D]. 徐州：中国矿业大学，2012：11-61.

[13] 林蔚，韩丽红. 无线传感器网络的数据压缩算法综述[J]. 小型微型计算机系统，2012，33（9）：2043-2048.

[14] 谢志军，王雷，林亚平，等. 传感器网络中基于数据压缩的汇聚算法[J]. 软件学报，2006，17（4）：860-867.

[15] 朱铁军，林亚平，周四望，等. 无线传感器网络中基于小波的自适应多模数据压缩算法[J]. 通信学报，2008，30（3）：48-53.

[16] 张军，成礼智，杨海滨，等. 基于纹理的自适应提升小波变换图像压缩[J]. 计算机学报，2010，33（1）：183-192.

[17] 马伯宁，冷志光，汤晓安，等. 非均匀采样信号小波分析误差控制方法[J]. 信号处理，2012，28（1）：118-123.

[18] 李树涛，魏丹. 压缩传感综述[J]. 自动化学报，2009，35（11）：1369-1377.

[19] 郭金库，刘光斌，余志勇，等. 信号稀疏表示理论及其应用[M]. 北京：科学出版社，2013：12-21.

[20] Coifman R R，Wickerhauser M V. Entropy-based algorithms for best basis selection[J]. IEEE Transactions Information Theory，1992，38（2）：713-718.

[21] Candès E，Braun N，Wakin M. Sparse signal and image recovery from compressive samples[C]// Proceedings of the 4th IEEE International Symposium on Biomedical Imaging：From Nano to

Macro. Washington: IEEE, 2007: 976-979.

[22] Bhattacharya S, Blumensath T, Mulgrew B, et al. Fasten coding of synthetic aperture radar raw data using com-pressed sensing[C]//Proceedings of the 14th Workshop on Statistical Signal Processing. Washington: IEEE, 2007: 448-452.

[23] Mallat S G, Zhang Z. Matching pursuits with time-frequency dictionaries[J]. IEEE Transactions Signal Processing, 1993, 41 (12): 3397-3415.

[24] Pati Y C, Rezaiifar R, Krishnaprasad P S. Orthogonal matching pursuit: Recursive function approximation with applications to wavelet decomposition[C]. Proceedings of the 27th Annual Asilomar Conference on Signals, Systems and Computers, Pacific Grove, 1993: 40-44.

[25] Gharavi-Alkhansari M, Huang T S. A fast orthogonal matching pursuit algorithm[C]. Proceedings of the International Conference on Acoustics, Speech and Signal Processing, 1998, 3: 1389-1392.

[26] Jeon B, Seokbyeung O, Oh S J. Fast matching pursuit method with distance comparison[C]. Proceedings of the International Conference on Image Processing, 2000, 1: 980-983.

[27] Rebollo-Neira L. Oblique matching pursuit[J]. IEEE Signal Processing Letters, 2007, 14 (10): 703-706.

[28] Chen S S, Donoho D L, Saunders M A. Atomic decomposition by basis pursuit[J]. SIAM Journal on Scientific Computing, 1998, 20 (1): 33-61.

[29] Elad M, Bruckstein A M. A generalized uncertainty principle and sparse representation in pairs of bases[J]. IEEE Transactions on Information Theory, 2002, 48 (9): 2558-2567.

[30] Tropp J A. Just relax: Convex programming methods for subset selection and sparse approximation[R]. Technical Report, the University of Texas at Austin, Austin, 2004.

[31] Neff R, Zakhor A. Matching pursuit video coding. I. dictionary approximation[J]. IEEE Transactions on Circuits and Systems for Video Technology, 2002, 12 (1): 13-26.

[32] Pece A E C. The problem of sparse image coding[J]. Journal of Mathematical Imaging and Vision, 2002, 17 (2): 89-108.

[33] Dimakis A G, Smarandache R, Vontobel P O. LDPC codes for compressed sensing [J]. IEEE Transactions on Information Theory, 2012, 58 (5): 3093-3134.

[34] Yu L, Barbot J P, Zheng G, et al. Compressive sensing with chaotic sequence [J]. Signal Processing Letters, IEEE, 2010, 17 (8): 731-734.

[35] Liu X, Xia S. Construction of quasi-cyclic measurement matrices based on array codes [C]//International Symposium on Information Theory Proceedings. Istanbul: IEEE, 2013: 479-483.

[36] 党骙, 马林华, 田雨, 等. m 序列压缩感知测量矩阵构造[J]. 西安电子科技大学学报 (自然科学版), 2015, 42 (2): 214-222.

[37] 徐永刚. 矿山数据压缩采集与重建方法研究[D]. 徐州: 中国矿业大学, 2014: 64-103.

[38] Donoho D L. Compressed sensing[J]. IEEE Transactions on Information Theory, 2006, 52 (4): 1289-1306.

[39] Candès E, Romberg J, Tao T. Robust uncertainty principles: Exact signal reconstruction from highly incompletefrequency information[J]. IEEE Transactions on Information Theory, 2006,

52（2）：489-509.

[40] Li C. An Efficient Algorithm for Total Variation Regularization with Applications to the Single Pixel Camera and Compressive Sensing[D]. Houston：Rice University，2009：11-41.

[41] 李凯，张淑芳，吕卫. 基于 TV 准则的图像分块重构算法的研究[J]. 计算机工程与应用，2012，48（26）：192-196.

[42] 陈善雄，何中市，熊海灵，等. 一种基于压缩感知的无线传感信号重构算法[J]. 计算机学报，2015，38（3）：613-624.

[43] 雷阳，尚凤军，任宇森. 无线传感网络路由协议现状研究[J]. 通信技术，2009，42（3）：117-120.

[44] Liu J，Lin C H P. Power-efficiency clustering method with power-limit for sensor networks[C]. Performance，Computing，and Communications Conference 2003，Phoenix，2003：129-136.

[45] Li J，Mohapatra P. An analytical model for the energy hole problem in many to one sensor networks[C]//Proceedings of the 62nd Semiannual Vehicular Technology Conference. Dallas：IEEE，2005：2721-2725.

[46] Intanagonwiwat C，Govindan R，Estrin D. Directed diffusion：A scalable and robust communication paradigm for sensor networks[C]. Proceedings of the 6th Annual International Conference on Mobile Computing and Networking，Boston，2000：56-67.

[47] Heinzelman W R，Chandrakasan A，Balakrishnan H. Energy-efficient communication protocol for wireless microsensor networks[C]. Proceedings of the 33rd Annual Hawaii International Conference on System Sciences，Hawaii，2000：3004-3014.

[48] Yu Y，Govindan R，Estrin D. Geographical and energy aware routing：A recursive data dissemination protocol for wireless sensor networks[R]. UCLA Computer Science Department Technical Report，Los Angeles，2001.

[49] 刘卫东，雷雪凤，朱中波. 选煤厂设备监测中时间同步算法研究[J]. 工矿自动化，2014，40（12）：42-45.

[50] Ping S. Delay measurement time synchronization for wireless sensor networks[R]. Intel Research Cente，Berkeley，2003.

[51] Milko's M，Kusy B，Smon G，et al. The flooding time synchronization protocol[C]. Proceedings of the 2nd International Conference on Embedded Networked Sensor Systems，2004：39-49.

[52] Ganeriwal S，Kumar R，Srivastava M B. Timing-sync protocol for sensor networks[C]. Proceedings of the 1st International Conference on Embedded Networked Sensor Systems，Los Angeles，2003：138-149.

[53] Sichitiu M L，Veerarittiphan C C. Simple：Accurate time synchronization for wireless sensor networks[C]. Proceedings of the IEEE Wireless Communications and Networking Conference，New Orleans，2003：1266-1273.

[54] Ren F，Lin C，Liu F. Self-correcting time synchronization using reference broadcast in wireless sensor network[J]. IEEE Wireless Communications，2008，15（4）：79-85.

[55] Xu C N，Zhao L，Xu Y J，et al .Broadcast time synchronization algorithm for wireless sensor networks[C]. Proceedings of the 1th International Conference on Sensing，Chongqing，2006：2366-2371.

[56] Shahzad K，Ali A，Gohar N D. ETSP：An energy-efficient time synchronization protocol for wireless sensor networks[C]. Proceedings of the 22nd International Conference on Advanced Information Networking and Applications，Okinawa，2008：971-976.

[57] 郭德勇，郑茂杰，郭超，等. 煤与瓦斯突出预测可拓聚类方法及应用[J]. 煤炭学报，2009，34（6）：783-787.

[58] 崔鸿伟. 煤巷掘进工作面突出预测指标及其临界值研究[J]. 煤炭学报，2011，36（5）：808-811.

[59] 刘雪莉，游继军. 新型煤与瓦斯突出预测指标确定及应用[J]. 煤炭科学技术，2015，43（3）：56-59.

[60] Baraniuk R. Compressive sensing[J]. IEEE Signal Processing Magazine，2007，24（4）：1-9.

[61] Mallat S. A Wavelet Tour of Signal Processing[M]. San Diego：Academic Press，1996：1-35.

[62] Candès E J，Donoho D L. Curvelets：A Surprisingly Effective Nonadaptive Representation for Objects with Edges[M]. Stanford：Vanderbilt University Press，2000：1-16.

[63] 孙玉宝，肖亮，韦志辉，等. 基于 Gabor 感知多成份字典的图像稀疏表示算法研究[J]. 自动化学报，2008，34（11）：1379-1387.

[64] Aharon M，Elad M，Bruckstein A M. The K-SVD: An algorithm for designing of overcomplete dictionaries for sparse representations[J]. IEEE Transactions on Image Processing, 2006, 54(11)：4311-4322.

[65] Rauhut H，Schnass K，Vandergheynst P. Compressed sensing and redundant dictionaries[J]. IEEE Transactions on Information Theory，2008，54（5）：2210-2219.

[66] Candès E J，Tao T. Decoding by linear programming[J]. IEEE Transactions on Information Theory，2005，51（12）：4203-4215.

[67] Candès E J，Romberg J，Tao T. Stable signal recovery from incomplete and inaccurate measurements[J]. Communicationson Pure and Applied Mathematics, 2006, 59(8)：1207-1223.

[68] Candès E J，Tao T. Near optimal signal recovery from random projections: Universal encoding strategies[J]. IEEE Transactions on Information Theory，2006，52（12）：5406-5425.

[69] 章毓晋. 图像工程（上册）——图像处理和分析[M]. 北京：清华大学出版社，2003：182-183.

[70] Hayashi K，Nagahara M，Tanaka T. A user's guide to compressed sensing for communications systems[J]. IEICE Transactions on Communications，2013，96（3）：684-712.

[71] Haupt J，Bajwa W U，Rabbat M，et al. Compressed sensing for networked data[J]. IEEE Signal Processing Magazine，2008，25（2）：92-101.

[72] Lee S，Pattem S，Sathiamoorthy M，et al. Compressed sensing and routing in multi-hop networks[R]. University of Southern California CENG Technical Report，2009：1-9.

[73] 冈萨雷斯，伍兹. 数字图像处理[M]. 3 版. 阮秋琦，阮宇智，译. 北京：电子工业出版社，2011：333-393.

[74] 韩力群. 人工神经网络理论、设计及应用[M]. 2 版. 北京：化学工业出版社，2007：76-80.

[75] 王伟. 神经网络原理——入门与应用[M]. 北京：北京航空航天大学出版社，1995：1-50.

[76] Moustapha A I，Selmic R R. Wireless sensor network modeling using modified recurrent neural networks：Application to fault detection[J]. IEEE Transactions on Instrumentation and Measurement，2008，57（5）：981-988.

[77] Barbancho J，Leon C，Molina F J，et al. Using artificial intelligence in routing schemes for wireless networks[J]. Computer Communications，2007，30（14）：2802-2811.

[78] 张先迪，李正良. 图论及其应用[M]. 北京：高等教育出版社，2005：21-35.

[79] 樊凯，李令雄，龙冬阳. 无线 mesh 网中网络编码感知的按需无线路由协议的研究[J]. 通信学报，2009，30（1）：128-134.

[80] Ndoh M，Delisle G Y. Underground mines wireless propagation modeling[C]. Proceedings of the 60th Vehicular Technology Conference，2004，5：3583-3588.

[81] 张申. 煤矿井下综合业务数字网络结构及其无线接入关键技术的研究[D]. 徐州：中国矿业大学，2001：23-58.

[82] 张申. 隧道无线电射线传输特性的研究[J]. 电波科学学报，2002，（4）：113-118.

[83] 张申. 帐篷定律与隧道无线数字通信信道建模[J]. 通信学报，2002，23，（1）：41-50.

[84] 孙继平. 矿井无线传输的特点[J]. 煤矿设计，1999，46（4）：20-22.

[85] 孙继平，李继生，雷淑英. 煤矿井下无线通信传输信号最佳频率选择[J]. 辽宁工程技术大学学报，2005，24（3）：378-380.

[86] Manjeshwar A，Agrawal D P. A routing protocol for enhanced efficiency in wireless sensor networks[C]. Proceedings of the 15th Parallel and Distributed Processing Symposium，San Francisco，2001：2009-2015.

[87] 樊昌信，曹丽娜. 通信原理[M]. 7 版. 北京：高等教育出版社，2012：210-235.

[88] 葛哲学，孙志强. 神经网络理论与 Matlab R2007 实现[M]. 北京：电子工业出版社，2007：174-180.

[89] Wang X，Zhao Z，Xia Y，et al. Compressed sensing based random routing for multi-hop wireless sensor networks[C]. Proceedings of the Communications and Information Technologies，Tokyo，2010：220-225.

[90] Wang X，Zhao Z，Xia Y，et al. Compressed sensing for efficient random routing in multi-hop wireless sensor networks[J]. International Journal of Communication Networks and Distributed Systems，2011，7（3）：274-292.

[91] Nguyen M T，Teague K. Compressive sensing based Energy-Efficient random routing in wireless sensor networks[C]. Proceedings of the Advanced Technologies for Communications，Hanoi，2014：187-192.

[92] 苏圣超，张正道，朱大奇. 基于时间序列数据挖掘的旋转机械故障预报[J]. 南京航空航天大学学报，2006，38（7）：120-123.

[93] 白亮，王瀚，李辉，等. 基于时间序列相似性挖掘的水电机组振动故障诊断研究[J]. 水力发电学报，2010，29（6）：229-236.

[94] 陈华友，盛昭瀚，刘春林. 基于向量夹角余弦的组合预测模型的性质研究[J]. 管理科学学报，2006，9（2）：1-8.

[95] Povinelli R J. Using genetic algorithms to find temporal patterns indicative of time series events[C]. Proceedings of the Data Mining with Evolutionary Algorithms，2000：80-84.

[96] Povinelli R J，Feng X. Temporal pattern identification of time series data using pattern wavelets and genetic algorithms[C]. Proceedings of the Artificial Neural Networks in Engineering，St. Louis，1998：691-696.

[97] 胡航. 语音信号处理[M]. 4 版. 哈尔滨：哈尔滨工业大学出版社，2009：20-49.

[98] 杨纶标，高英仪，凌卫新. 模糊数学原理及应用[M]. 5 版. 广州：华南理工大学出版社，2011：79-90.

[99] 王燕. 应用时间序列分析[M]. 3 版. 北京：中国人民大学出版社，2005：21-40.

[100] 吴今培，孙德山. 现代数据分析[M]. 北京：机械工业出版社，2006：100-106.

[101] 熊永平，孙利民，牛建伟，等. 机会网络[J]. 软件学报，2009，20（1）：123-137.

[102] Fall K. A delay-tolerant network architecture for challenged Internets[C]. Proceedings of the Conference on Applications, Architectures, and Protocols for Computer Communications Technologies, Karlsrule, 2003：27-34.

[103] Akyildiz I F, Akan B, Chen C, et al. InterPlaNetary Internet：State-of-the-Art and research challenges[J]. Computer Networks, 2003, 43（2）：75-112.

[104] Barnett V, Lewis T. Outliers in Statistical Data [M]. New York：Wiley, 1994.

[105] Bishop C M. Neural Networks for Pattern Recognition [M]. Oxford：Oxford University Press, 1995.

[106] Jardine A K S, Lin D, Banjevic D. A review on machinery diagnostics and prognostics implementing condition-based maintenance [J]. Mechanical System & Signal Processing, 2006, 20（7）：1483-1510.

[107] 丁康，李巍华，朱小勇. 齿轮及齿轮箱故障诊断实用技术[M]. 北京：机械工业出版社，2005.

[108] Randall R B, Antoni J. Rolling element bearing diagnostics—A tutorial [J]. Mechanical System & Signal Processing, 2011, 25（2）：485-520.

[109] Combet F, Gelman L. Optimal filtering of gear signals for early damage detection based on the spectral kurtosis [J]. Mechanical System & Signal Processing, 2009, 23（3）：652-668.

[110] 王彪. 一种改进的 MFCC 参数提取方法[J]. 计算机与数字工程，2012，40（4）：19-21.

[111] 杨淑莹. 模式识别与智能计算：Matlab 技术实现[M]. 北京：电子工业出版社，2008.

[112] Smith L I. A tutorial on principal component analysis [J]. Information Fusion, 2002, 51（3）：52.

[113] 杜卓明，屠宏，耿国华. KPCA 方法过程研究与应用[J]. 计算机工程与应用，2010，46（7）：8-10.

[114] 周莹. 基于 MIV 特征筛选和 BP 神经网络的滚动轴承故障诊断技术研究[D]. 北京：北京交通大学，2011.

[115] 王宏超，陈进，董广明. 基于补偿距离评估——小波核 PCA 的滚动轴承故障诊断[J]. 振动与冲击，2013，32（18）：87-90.

[116] 鲍明，管鲁阳，李晓东. 基于欧氏距离分布熵的特征优化研究[J]. 电子学报，2007，35（3）：469-473.

[117] Arabgol S, Ko H S. Application of artificial neural network and genetic algorithm to healthcarewaste prediction[J]. Journal of Artificial Intelligence and Soft Computing Research, 2015, 3（4）：243-250.

[118] 程自峰，韦哲. 人工神经网络在医学信号检测与分析中的应用[J]. 医疗装备，1996，（10）：1-3.

[119] Duarte M F, Sarvotham S, Baron D, et al. Distributed compressed sensing of jointly sparse signals[C]. Signals, Systems and Computers, 2005. Conference Record of the Thirty-Ninth Asilomar Conference on Signals. IEEE, Pacific Grove, 2006：1537-1541.